U0345709

Ruby元编程（第2版）

Metaprogramming Ruby 2

[意] Paolo Perrotta 著

[日] 松本行弘 序

廖志刚 译

華中科技大學出版社

内 容 简 介

《Ruby元编程(第2版)》在大量剖析实例代码的基础上循序渐进地介绍Ruby特有的实用编程技巧。通过分析案例、讲解例题、回顾Ruby类库的实现细节，作者不仅向读者展示了元编程的优势及其解决问题的方式，更详细列出33种发挥其优势的编程技巧。本书堪称动态语言设计模式。Ruby之父松本行弘作序推荐。

湖北省版权局著作权合同登记 图字:17-2015-150号

图书在版编目(CIP)数据

Ruby元编程/(意)佩罗塔 著；(日) 松本行弘 序；廖志刚 译. —2版. —武汉:华中科技大学出版社,2015.6
ISBN 978-7-5680-0979-9
Ⅰ.①R… Ⅱ.①佩… ②松… ③廖… Ⅲ.①网页制作工具 Ⅳ.①TP393.092

中国版本图书馆CIP数据核字(2015)第139936号

Ruby 元编程(第2版)　　[意]Paolo Perrotta 著；[日]松本行弘 序；廖志刚 译

策划编辑：徐定翔　　责任校对：张 琳
责任编辑：徐定翔　　责任监印：周治超
出版发行：华中科技大学出版社(中国·武汉)
武昌喻家山　邮编:430074　电话:(027)81321913
录　排：华中科技大学惠友文印中心
印　刷：湖北新华印务有限公司
开　本：787mm×960mm 1/16
印　张：17
字　数：270千字
版　次：2018年9月第2版第3次印刷
定　价：68.80元

十三岁时，我迷上了电子游戏机。

我一直希望有一台自己的游戏机，

但是爸妈就是不同意买。

后来，我发现计算机也可以玩游戏。

于是我求爸妈买一台 8 位计算机，当然是用来学习的。

爸爸同意了，妈妈带我去商店买了一台 Sinclair 公司的 ZX Spectrum。

爸爸妈妈，我早就想告诉你们：谢谢你们！

这本书是献给你们的！

希望你们以我为荣，就像儿子以你们为荣一样！

然后，我必须坦白一件事：

我要计算机压根儿不是为了学习，我只想玩。

这也是我多年来一直在做的事。

序
Foreword

Ruby 的很多特性继承自其他语言，这些语言包括 Lisp、Smalltalk、C、Perl 等。它的元编程特性来自于 Lisp 和 Smalltalk。元编程有点像魔法，看起来让人震惊。世界上有两种魔法：好的白魔法和坏的黑魔法。同样，元编程也有其两面性：你可以用元编程增强语言的功能，还可以创建领域专属语言；但是你也可能陷入元编程的陷阱。元编程是一种容易让人迷惑的技术。

Ruby 相信你是一位成熟的程序员，它赋予你元编程这样强大的能力。但是你必须记住：能力越大，责任就越大。

请尽情享受 Ruby 编程吧！

松本行弘

致谢

Acknowledgments

感谢 Joe Armstrong、Satoshi Asakawa、Peter Bakhirev、Paul Barry、Juanjo Bazán、Emmanuel Bernard、Roberto Bettazzoni、Ola Bini、Piergiuliano Bossi、Simone Busoli、Alessandro Campeis、Kosmas Chatzimichalis、Andrea Cisternino、Davide D'Alto、Pietro Di Bello、Mauro Di Nuzzo、Marco Di Timoteo、Paul Elliott、Eric Farkas、Mauricio Fernandez、Francisco Fernández Castaño、Jay Fields、Michele Finelli、Neal Ford、Florian Frank、Sanne Grinovero、Federico Gobbo、Florian Groß、Sebastian Hennebrüder、Doug Hudson、Jurek Husakowski、Lyle Johnson、Lisa Maria Jones、Josh Kalderimis、Murtuza Kutub、Marc Lainez、Daniele Manni、Luca Marchetti、Arialdo Martini、Kado Masanori、MenTaLguY、Nicola Moretto、Sandro Paganotti、Alessandro Patriarca、Carlo Pecchia、Susanna Perrotta、John Pignata、Andrea Provaglio、Mike Roberts、Martin Rodgers、琳琳的小狗、Richard Schneeman、Joe Sims、Jeremy Sydik、Andrea Tomasini、Mauro Tortonesi、Marco Trincardi、Ivan Vaghi、Giancarlo Valente、Davide Varvello 和 Elzie Vergine。感谢你们向我指出问题和错误。感谢本书中提到的那些开源软件的作者们。谢谢你，Jim Weirich，我欠你一份人情。

感谢 Pragmatic Bookshelf 的工作人员：Ellie Callahan、Janet Furlow、Andy Hunt、David Kelly、Susannah Pfalzer、Cathleen Small、Dave Thomas、Devon Thomas。感谢 Lynn Beighley 把我那蹩脚的文字变得通顺流畅，并且在我不在状态时让我重新振作，就像 Jill Steinberg 在第 1 版时所做的一样。

修订一本书花费的时间很长，当我最终完成时，生活发生了许多变化。不过，仍有一些东西没变。谢谢你，Ivana Gancheva。

前言

Introduction

元编程……听起来很酷！好像是一种用于高级企业架构的设计方法。

事实上，元编程并非一个抽象的概念，它是一系列务实的编程技巧。在 Ruby 中，你可以用它完成如下一些工作。

- 假设你要写一个 Ruby 程序来连接外部系统（web 服务或者 Java 程序），你可以用元编程写一个包装器用于接受任何方法的调用，然后把这些调用转发给外部系统。如果某人后来为这个外部系统添加了方法，即使不修改 Ruby 包装器，它也能自动支持新加入的方法。很神奇吧！
- 假设你遇到一类问题，需要设计某种领域专属语言来解决。如果你从头定义这门语言，并且自己编写解析器，那工作量就太大了。你可以把 Ruby 改造成处理这个问题的专属语言。你甚至可以写一个简单的解释器从文件中读取这种基于 Ruby 语言的代码。
- 你可以把 Ruby 程序的简洁性提高到 Java 程序员做梦都不敢想的程度。比如一个包含 20 个方法的类，这些方法的名字看起来都差不多。元编程只用几行代码就能定义这些方法。如果你想调用一长串名字遵循一定模式（比如名字都以 test 开头）的方法，元编程只用一行代码就能调用它们。
- 你可以改造 Ruby 使之满足你的需要，而不是去适应语言本身。例如，可以用你喜欢的方式增强任何一个类（包括 Array 这样的核心类）；可以把想要监控的方法封装起来，当他人继承你的类后，就会执行你预先设定的代码……

关于本书
About This Book

第一部分是本书的核心。第 1 章（元这个字眼，第 3 页）先带你了解元编程的思想。随后的章节用讲故事的方法介绍元编程的技巧。

- Ruby 的对象模型是元编程的基础。第 2 章（星期一：对象模型，第 11 页）介绍了最基本的元编程技巧，还揭示了 Ruby 类和方法查找背后的秘密。方法查找是 Ruby 查找并执行方法的过程。
- 一旦你理解了方法查找，就可以做一些很酷的事情：可以在运行时创建方法、插入方法调用、把调用转发给其他对象，甚至调用一个不存在的方法。这些技巧将在第 3 章（星期二：方法，第 45 页）中介绍。
- 方法只是大家族中的一员，这个家族中还有像块和 lambda 这样的成员。第 4 章（星期三：代码块，第 73 页）介绍这些成员。本章还给出了一个例子来演示领域专属语言，这是日渐流行的一个概念。另外，本章还给出了一些技巧，用于打包代码并在以后执行，以及携带变量穿越作用域。
- 说到作用域，Ruby 有一个值得深入探究的特殊作用域：类定义的作用域。第 5 章（星期四：类定义，第 105 页）讨论作用域，并且介绍了一些元编程兵工厂中杀伤力最强的武器。本章还介绍了单件类，这是 Ruby 最让人困惑且需要弄明白的概念。
- 第 6 章（星期五：编写代码的代码，第 139 页）把前面各章的技巧运用到一个综合的例子里。本章还介绍了两个新方法：有争议性的 eval 方法和可以在对象模型中拦截事件的回调方法。

本书的第二部分是 Rails 中的元编程。Rails 是 Ruby 标志性的框架。通过剖析 Rails 的源代码，你会看到 Ruby 高手是怎样运用元编程的，以及元编程近年来是如何发展变化的。

本书有三个附录。附录 A（第 217 页）介绍了一些实用的技巧。附录 B 介绍领域专属语言（第 227 页）。附录 C（第 231 页）汇总了本书介绍的所有法术，并附有示例代码。

“等等，什么是**法术**（spell）？”哦，对不起！请听我解释。

法术

Spells

本书介绍了许多元编程的技巧，有人称为**模式**（pattern）或**惯用法**（idiom）。这两种叫法在 Ruby 程序员中不流行，因此我把它们称为法术。对 Ruby 初学者来说，它们就像神奇的法术。

本书常常会引用这些法术。我会使用像**类宏**（117）或**代码字符串**（141）这样的方式来表示它们。括号中的数字表示法术首次出现的页码。你可以在附录 C 里找到所有的法术。

小测验

Quizzes

书中不时给出一些小测验，都附有答案。你可以直接看答案，但是我希望你尝试解决它们，因为它们很有趣。

有些测验是常规的练习，有些则要求你开动脑筋。大多数测验有不止一种解决方式，请尽情地发挥吧！

符号约定

Notation Conventions

本书使用统一的字体来书写代码。如果某行代码运行后返回一个值，我会把这个值放到这行代码的注释里。如果某行代码过长，会使用较小的字体来书写，避免转行。

```
-1.abs                     #=>1
```

如果某段代码输出一个结果，我会让结果显示在代码下面：

```
puts 'Testing... testing...'
Testing... testing...
```

本书尽量使用与 Ruby 语法一致的书写方式：`MyClass.my_method` 是一个类方

法，MyClass::MY_CONSTANT 是类中定义的常量，等等。但是也有一些特殊情况。首先，我用哈希记法表示实例方法（MyClass#my_method），这样方便区分类方法和实例方法；其次，我用哈希前缀来标识单件类（#MySingletonClass）。

Ruby 的语法很灵活，因此几乎没有统一的格式规则（如缩进、大括号等）。本书尽量遵循常用的惯例。比如，当一个方法调用没有传入参数时，我会省略括号（比如 my_string.reverse），但是在有参数调用时，我会加上括号（比如 my_string.gsub("x", "y")）。

本书的部分代码直接取自开源库。有些是来自 Ruby 自带的标准库，另外一些则可以通过 gem 命令安装。例如，如果你在书中看到 Builder 3.2.2 的部分代码，希望安装整个库查看源代码，那么可以使用 gem install builder -v 3.2.2 命令安装。请注意带上版本号，这是因为版本不同，代码可能会有所不同。

为了让这些代码更易于理解，我有时会在不改变原有代码精髓的前提下，对它们做适当修改。

单元测试
Unit Tests

本书故事中的主人公很少写单元测试，但这并不代表我反对写测试代码。事实上，本书的原稿包含了所有示例代码的单元测试，但是我发现这些测试会分散读者对元编程的注意力，所以那些测试代码最后被删掉了。总之，元编程一定要写单元测试。

书中保留测试代码的地方使用了 test-unit 库。大多数 Ruby 版本都自带这个库，如果需要另行安装，安装命令是 gem install test-unit。

Ruby 版本
Ruby Versions

Ruby 仍然在不断改进，这偶尔会导致以前的代码在新版本里不兼容。对元编程来说，出现这种情况的概率更高一些，因为元编程把 Ruby 的功能发挥到了极致。

写这本书时，最新的版本是 Ruby 2.2。有些开发者可能还在使用 Ruby 2.0 以前的版本，这些老版本缺少一些 Ruby 2.x 才有的特性（比如细化和 `Module#prepend` 方法）。在用到这些特性时，我会具体予以说明。

我所说的 Ruby 版本指的是 Matz 的 Ruby 解释器（MRI）[1]的版本。Ruby 还有其他实现方式，比如运行在 Java 虚拟机上的 JRuby[2]，还有 Rubinius[3]。这些实现方式一般都和 MRI 有差别。如果你使用的是这些 Ruby 实现，请注意书中的某些例子有可能无法正常运行。

本书的版本
Book Editions

本书第 1 版是根据 Ruby 1.8 编写的。第 2 版做了大量的更新，引入了许多 Ruby 2.x 的新特性。

由于 Rails 发生了巨大的变化，所以第 2 版的第二部分几乎全部重写了。

除了这些语言和类库的变化，我自己的一些观念自第 1 版出版后也发生了一些变化。我学会了对一些技巧保持警惕，比如**幽灵方法**（57）；我变得更喜欢某些技巧，比如**动态方法**（51）。一些新的内容反映了我的这种变化。

最后，第 2 版对第 1 版的内容做了清理。我更新了很多示例，有些是因为已经找不到第 1 版引用的原始代码了，有些是因为代码出现了较大的变化。我增加了一些法术，同时也去掉了一些不很重要的法术。我削减了“故事”的篇幅，以及很多与技术无关的内容。我还根据读者的建议修改了一些文字上的错误。不管你是第 1 版的粉丝，还是新读者，我都希望你喜欢这样的修改。

关于读者
About You

大多数人认为元编程是很困难的。要与 Ruby 程序的构件共舞，你首先要知道这些构件是怎样工作的。怎样才能知道自己是否已经是一位“高级的”Ruby 程序员了呢？如果你能不费力气地理解前几章的代码，那么你就够格了。

如果你还不自信，可以做一个简单的自测。你会怎样写代码来遍历一个数

---

[1] http://www.ruby-lang.org
[2] http://jruby.codehaus.org
[3] http://rubini.us/

组？如果你打算用 `each` 方法，那么你对 Ruby 的了解已经够用了。如果你想使用 `for` 循环，那么你很可能对 Ruby 还不太熟悉。如果是后一种情况，你仍然可以继续本书的元编程探险，只不过你要在手边放一本 Ruby 的入门教程，或者先学习 Try Ruby！[4]上的交互教学课程。

准备好了么？好极了，我们开始吧！

[4] http://tryruby.org

目录

Contents

第一部分　Ruby 元编程 1

第 1 章　元这个字眼 3

1.1　鬼城与自由市场 3

1.2　程序员 Bob 的故事 4

1.3　元编程和 Ruby 7

第 2 章　星期一：对象模型 11

2.1　打开类 11

2.2　类的真相 16

2.3　小测验：缺失的连接线 26

2.4　调用方法时发生了什么？ 27

2.5　小测验：混乱的模块 39

2.6　对象模型小结 42

第 3 章　星期二：方法 45

3.1　代码繁复的问题 46

3.2　动态方法 48

3.3　method_missing 方法 55

3.4　小测验：消灭 Bug 64

3.5　白板类 66

3.6　小结 69

第 4 章　星期三：代码块 73

4.1　学习代码块 73

4.2　小测验：Ruby 的#符号 75

4.3　代码块是闭包 77

4.4　instance_eval 方法 84

4.5　可调用对象 88

4.6　编写领域专属语言（DSL） 96

4.7　小测验：改良的 DSL 98

4.8 小结 102

第 5 章 星期四：类定义 105
5.1 揭秘类定义 106
5.2 小测验：Taboo 类 112
5.3 单件方法 113
5.4 单件类 118
5.5 小测验：模块的麻烦 129
5.6 方法包装器 131
5.7 小测验：打破数学规律 136
5.8 小结 137

第 6 章 星期五：编写代码的代码 139
6.1 通向周末的编程之路 139
6.2 Kernel#eval 方法 141
6.3 小测验：校验过的属性（第一步） 150
6.4 小测验：校验过的属性（第二步） 153
6.5 小测验：校验过的属性（第三步） 154
6.6 小测验：校验过的属性（第四步） 156
6.7 钩子方法 157
6.8 小测验：校验过的属性（第五步） 161
6.9 小结 162

第 7 章 尾声 163

第二部分 Rails 中的元编程 165

第 8 章 准备 Rails 之旅 167
8.1 Ruby on Rails 167
8.2 安装 Rails 168
8.3 Rails 源代码 168

第 9 章 Active Record 的设计 171
9.1 简短的 Active Record 示例 171
9.2 Active Record 的组成 172
9.3 经验之谈 176

第 10 章 Active Support 的 Concern 模块 179
10.1 Concern 模块出现之前 179

10.2 ActiveSupport::Concern 模块 183
10.3 经验之谈 188

第 11 章 alias_method_chain 方法沉浮录 189
11.1 alias_method_chain 方法的兴起 189
11.2 alias_method_chain 方法的衰亡 193
11.3 经验之谈 196

第 12 章 属性方法的发展 199
12.1 属性方法实战 199
12.2 属性方法的发展史 200
12.3 经验之谈 210

第 13 章 最后的思考 213
13.1 元编程不过是编程 213

第三部分 附录 215

附录 A 常见惯用法 217
A.1 拟态方法 217
A.2 空指针保护 219
A.3 Self Yield 222
A.4 Symbol#to_proc 方法 224

附录 B 领域专属语言 227
B.1 关于领域专属语言 227
B.2 内部和外部领域专属语言 229
B.3 领域专属语言和元编程 230

附录 C 法术手册 231

索引 243

第一部分
Ruby 元编程

Metaprogramming Ruby

第 1 章

元这个字眼

The M Word

元编程是编写能写代码的代码。

能写代码的代码究竟是什么意思呢？它在日常编程中有什么用处呢？在回答这些问题之前，让我们先看看编程语言本身。

1.1 鬼城与自由市场

Ghost Towns and Marketplaces

如果把代码看成是一个世界，那么其中就充斥着各种成员（变量、类、方法等）。这些成员也称为**语言构件**（language construct）。

在很多编程语言里，语言构件的行为不像有血有肉的人，而更像是幽灵。虽然你可以在源代码中看到它们，但是在程序运行前它们就消失了。以 C++为例，一旦编译器完成了工作，像变量和方法这样的东西就变得看不见摸不着了，它们只存在于内存里。你无法向一个类询问它的实例方法，因为在你问这个问题时，这个类已经消失了。对 C++这样的语言来说，**运行时**（runtime）是一个可怕的寂静之所——鬼城。

而在另一些语言（如 Ruby）里，运行时更像是一个繁忙的自由市场。大多数的语言构件依然存在，而且四处忙碌着。你甚至可以走到一个构件面前，询问它关于它自身的问题。*这种方式称作**内省**（introspection）。

让我们借助一个实例来看看内省究竟是什么。

---

* 译注：面向对象编程允许对一个对象发消息，即方法调用。这里作者形象地把调用比喻为询问。

the_m_word/introspection.rb

```
class Greeting
  def initialize(text)
    @text = text
  end

  def welcome
    @text
  end
end

my_object = Greeting.new("Hello")
```

这里定义了一个Greeting类，并创建了一个Greeting对象。现在，我可以走到该构件面前向它提问：

```
my_object.class                              # => Greeting
```

我向 my_object 对象询问它所属的类，它十分肯定地回答我：“我是一个Greeting。”现在我要询问这个类有哪些实例方法：

```
my_object.class.instance_methods(false)      # => [:welcome]
```

我得到的回答是一个数组，其中只有一个方法welcome。参数false代表我只是要它自己的方法，不要它继承来的方法。接下来，我要问这个对象有哪些实例变量：

```
my_object.instance_variables                 # => [:@text]
```

它清楚地回答了我的问题。由于类和对象都是 Ruby 世界的一等公民，你可以问出很多信息来。

事情还不止如此，Ruby 除了可以在运行时询问语言构件，还能在运行时创建它们。在程序运行的时候，又在welcome方法之外再添加一个实例方法？你也许会琢磨，究竟什么样的人会有这样的需求呢？请听我讲一个故事。

1.2 程序员 Bob 的故事
The Story of Bob

Bob 刚开始学习 Ruby，不过他有一个宏伟的计划：要为电影迷建造一个世界上最大的互联网社交系统。为了实现这个目标，他先要建一个存放电影名和影评的数据库。Bob希望借此机会练习编写可重用的代码，因此他决定创建一个简单的代码库，用于在数据库中实现对象的持久化。

1.2.1 Bob 的第一次尝试

Bob's First Attempt

Bob编写了一个代码库，把数据库中的每个表映射到一个类中，同时把每条记录映射到一个对象中。每当 Bob 创建一个对象或访问它的属性时，这个对象会产生一条 SQL 语句并发送给数据库。所有这些功能都封装在一个类里。

the_m_word/orm.rb

```
class Entity
  attr_reader :table, :ident
  def initialize(table, ident)
    @table = table
    @ident = ident
    Database.sql "INSERT INTO #{@table} (id) VALUES (#{@ident})"
  end

  def set(col, val)
    Database.sql "UPDATE #{@table} SET #{col}='#{val}' WHERE id=#{@ident}"
  end

  def get(col)
    Database.sql ("SELECT #{col} FROM #{@table} WHERE id=#{@ident}")[0][0]
  end
end
```

在 Bob 的数据库里，每个表都有一个 id 字段。每个 `Entity` 会保存这个字段的内容以及它引用的表名。Bob创建一个`Entity`对象后，该对象会把自己保存在数据库里。`Entity#set` 方法创建 SQL 语句更新字段的值，而 `Entity#get` 方法创建 SQL 语句读取字段的值。（Bob 的 `Database` 类用数组的数组作为返回的数据集。）

Bob 可以继承 `Entity` 类来映射一个指定的表。例如，用 `Movie` 类映射一个名为 `movies` 的表：

```
class Movie < Entity
  def initialize(ident)
    super "movies", ident
  end

  def title
    get "title"
  end

  def title=(value)
    set "title", value
  end
```

```ruby
  def director
    get "director"
  end
  def director=(value)
    set "director", value
  end
end
```

Movie类的每个属性有两个方法：一个像 Movie#title 这样的读方法（reader）和一个像 Movie#title=这样的写方法（writer）。Bob 只要在 Ruby 命令行解释器里输入如下命令，就能把一部电影加载到数据库里。

```ruby
movie = Movie.new(1)
movie.title = "Doctor Strangelove"
movie.director = "Stanley Kubrick"
```

以上代码在 movies 表中创建了一个新记录，它的 *id*、*title* 和 *director* 字段的值分别是 1、Doctor Strangelove 和 Stanley Kubrick。（在 Ruby 里，movie.title= "Doctor Strangelove" 是 title=方法的变相调用方式，它等同于 movie.title= ("Doctor Strangelove")）。

代码看起来很不错，Bob 有点得意，他请有经验的老程序员 Bill 来看。很快，Bill 就让 Bob 垂头丧气了。Bill 说："重复的代码太多了。数据库里有 title 字段，代码里有@title 成员，还有 title 方法、title=方法、title 字符串常量。如果你会元编程，用很少的代码就能解决这个问题。"

1.2.2 进入元编程的世界

Enter Metaprogramming

在 Bill 的建议下，Bob 开始学习元编程。他发现了一个叫 Active Record 的类库，可以把对象映射到数据表中。很快，Bob 写出了一个 Active Record 版本的 Movie 类：

```ruby
class Movie < ActiveRecord::Base
end
```

就是这么简单。Bob 只是从 ActiveRecord::Base 继承了一个子类。他不用指定用哪个表用来映射 Movie 对象，也不用写 title 和 director 这些看起来差不多的方法了。程序照样正常工作：

```ruby
movie = Movie.create
movie.title = "Doctor Strangelove"
movie.title           # => "Doctor Strangelove"
```

上面的代码创建了一个 `Movie` 对象，该对象包装了 `movies` 表中的一条记录。然后通过 `Movie#title` 和 `Movie#title=`方法访问 `title` 字段。但是这些方法在源代码中无迹可查。如果根本没有定义过，`title` 和 `title=`这两个方法怎么能存在呢？这与此与 Active Record 的工作原理有关。

Active Record 通过内省机制查看类的名字。因为类名是 `Movie`，Active Record 会自动把它映射到名为 `movies` 的表中。（它知道如何转换英语单词的单复数。）

那么，像 `title` 和 `title=`这样的方法（简称为访问器）又是怎样处理的呢？这就是元编程的妙用。Active Record 会自动定义这些方法。`ActiveRecord::Base` 在运行时读取数据库的表模式，找到 `movies` 表有两个名为 `title` 和 `director` 的字段，然后自动定义两个同名的属性和相应的访问器。也就是说，Active Record 在程序运行时动态地创建了 `Movie#title` 和 `Movie#director=`这样的方法。

Ruby 不但可以在运行时访问语言构件，还能修改它们。是不是很神奇呢？

1.2.3 再谈元
The "M" Word Again

现在我给出元编程的正式定义：

元编程是编写能在运行时操作语言构件的代码。

Active Record 的作者在其类库中应用了这技巧。他不为每个类的属性编写访问器方法，而是编写代码自动为每个继承自 `ActiveRecord::Base` 的类在运行时定义方法。这就是“能写代码的代码”的含义。

你也许会认为这只是一个特例。很快我们就会看到，这种用法在 Ruby 中无处不在。

1.3 元编程和 Ruby
Metaprogramming and Ruby

还记得我们早先讨论的鬼城和自由市场么？如果要操作语言构件，这些构件必须在运行时存在。让我们来看看几种流行的语言在运行时能给你多少控制权。

代码生成器与编译器

能写代码的代码？代码生成器和编译器不就是这样么？比如，你可以编写带注解的Java代码，然后用代码生成器生成XML配置文件。从广义上说，这个过程也属于元编程。事实上，很多人听到元这个字眼时，首先会想到代码生成。

这种方式的元编程是使用一个程序来创建或处理另一个程序。在运行完代码生成器之后，在目标程序运行之前，你可以阅读生成的代码（如果你想检验自己的忍耐力的话），也可以手工修改这些代码。这就是C++模板的原理：C++编译器在编译之前把你的模板转换为普通的C++代码，然后你再运行那个编译好的程序。

本书讨论的是另外一种元编程，即编写在运行时操作自身的代码，这称为动态元编程（dynamic metaprogramming），而代码生成器和编译器的那种方式称为静态元编程（static metaprogramming）。虽然其他语言也多多少少允许做一些动态元编程（比如 Java 可以直接修改字节码），但是只有少数几种语言无缝且优雅地实现了动态元编程，Ruby 正是其中之一。

C 语言程序会跨越两个不同的世界：编译时（compiler time）和运行时。在编译时，可以看到像变量和函数这样的语言构件；而在运行时，只有一大堆机器码。由于绝大多数编译时的信息在运行时都失去了，C 语言不支持元编程或内省。在 C++中，一些语言构件在编译后生存了下来，所以你可以向一个 C++对象询问它的类。Java 的编译时和运行时界线更模糊，你可以列出一个类的方法，或者一直向上查询其继承链。

Ruby 是非常适合元编程的语言，它根本没有编译时。Ruby 程序中几乎所有的语言构件都在运行时可用。程序运行时，不存在一道横亘在所写程序与所运行程序中间的墙。这里只有一个世界。

在这个世界中，元编程无处不在。元编程并不是抽象的艺术，也不是 Active Record 库的专利。如果你想学习高级 Ruby 编程，你会时时看到它的影子。如果你满足于目前你所学的 Ruby 知识，很快你就会遇到读不懂的代码，比如某个流行框架的源代码、某个巧妙的类库，甚至某个知名博客上的例子。

事实上，元编程与 Ruby 语言结合得如此紧密，以至于你无法区分哪些是普通编程，哪些是元编程。从某种程度上说，元编程就是 Ruby 程序员的常规工作。只有掌握了元编程，才能发挥 Ruby 语言全部的实力。

虽然 Ruby 第一眼看上去很简单，但你很快会为它的精妙而感到困惑。你迟早会疑惑：对象可以调用同属一个类的其他对象的**私有**方法么？可以通过导入一个模块来创建类方法么？然而，这些看起来复杂的问题都可以用非常简单的原则回答。学习元编程，你会对这门语言产生亲切感，同时找到这些问题的答案。

你已经知道元编程是什么了。现在，让我们出发吧。

第 2 章

星期一：对象模型

Monday: The Object Model

初学 Ruby 编程，你会感觉 Ruby 中到处都是对象。过不了多久，你会发现对象仅仅是更大世界中的一个公民而已。这个世界中除了对象，还有其他的语言构件，比如类（class）、模块（module）及实例变量（instance variable）等。元编程（metaprogramming）操作的就是这些语言构件。我们很快就会学习相关的知识。

首先学习第一个概念：所有这些语言构件存在的系统称之为对象模型。在对象模型中，可以找到诸如“这个方法来自哪个类？”“使用这个模块会发生什么？”之类问题的答案。

对象模型是 Ruby 的灵魂，认真钻研它不仅能学到实用的技巧，同时还能学到如何避免犯错误。星期一注定是充实的一天，请把你的聊天工具状态设置为“离开”，关闭手机，再来一块炸面包，精神饱满地准备开始工作吧！

2.1 打开类

Open Classes

我们将重构一些已有的代码，顺带学习一两个小技巧。

今天是你作为 Ruby 程序员上班的第一天。布置好办公桌，再倒上一杯热腾腾的咖啡之后，你见到了 Bill，他是你的导师（mentor）。没错儿，新公司、新编程语言，以及新的结对编程伙伴。

你接触 Ruby 不过几个星期，好在 Bill 可以帮你。Bill 有丰富的 Ruby 编程经验，而且人看起来还不错，因此后面的日子应该会过得不错吧——至少在遇到那些琐碎的代码规范之前会如此吧。

老板希望你们一块审阅一个叫书虫（bookworm）的小应用程序。公司为了管理内部图书开发了这个程序。以前的程序员根据自己的喜好添加了各种功能，包括图书预览、借阅管理等。慢慢地，这个程序变得难以控制了，因此需要重构。你和 Bill 要审阅代码，改善它的结构。老板称这个工作是“简单的代码重构”。

你和Bill看了几分钟书虫的代码，就发现了一个可以重构的地方。为了在狭窄的胶带标签上打印图书书名，书虫程序定义了一个函数用来去掉字符串中的标点符号和特殊字符，只保留字母、数字和空格：

object_model/alphanumeric.rb

```
def to_alphanumeric(s)
  s.gsub(/[^\w\s]/, '')
end
```

该方法带有单元测试代码（Ruby 2.2 需要运行 `gem install test-unit` 命令安装 test-unit 库）：

```
require 'test/unit'

class ToAlphanumericTest < Test::Unit::TestCase
  def test_strip_non_alphanumeric_characters
    assert_equal '3 the Magic Number', to_alphanumeric('#3, the *Magic,
Number*?')
  end
end
```

“这个 `to_alphanumeric` 方法不太符合面向对象的规范，不是吗？”Bill 若有所思地说，“更好的方法应该是让字符串本身来做这种转换，而不是把工作交给外部方法。”

尽管你还是个新人，但还是忍不住打断了 Bill：“它只是一个普通的 `String` 对象，如果要添加新的方法，就得定义一个全新的 `AlphanumericString` 类，这样做值得么？”

“我有一个简单的解决办法。”Bill 说，他打开 `String` 类并在其中植入了 `to_alphanumeric` 方法：

```
class String
  def to_alphanumeric
    gsub(/[^\w\s]/, '')
  end
end
```

Bill 还修改了调用方法，让它们转而调用 `String#to_alphanumeric` 方法。于是，测试程序就变成了下面的模样：

```
require 'test/unit'

class StringExtensionsTest < Test::Unit::TestCase
  def test_strip_non_alphanumeric_characters
    assert_equal '3 the Magic Number', '#3, the *Magic,Number*?'.to_alphanumeric
  end
end
```

为了弄明白 Bill 到底做了什么，需要先了解 Ruby 的类。别担心，Bill 一向好为人师……

2.1.1 类定义揭秘

Inside Class Definitions

在 Ruby 中，定义类的语句和其他语句没有本质区别，你可以在类定义中放置任何语句，Bill 给了一个例子：

```
3.times do
  class C
    puts "Hello"
  end
end

< Hello
  Hello
  Hello
```

像执行其他代码一样，Ruby 执行了这些在类中定义的代码。那么，这是不是意味着我们定义了三个同名的类？答案是 no，你可以自己试试下面的代码：

```
class D
  def x; 'x'; end
end

class D
  def y; 'y'; end
end

obj = D.new
obj.x          # => "x"
obj.y          # => "y"
```

在上面的代码中，当第一次提及 `class D` 时，还没有一个名为 `D` 的类存在。因此，Ruby 开始着手定义这个类，并定义 `x` 方法。在第二次提及 `D` 类时，它已经存在，Ruby 就不再定义了。Ruby 只是重新打开这个已经存在的类，并为之定义 `y` 方法。

从某种意义上说，Ruby 的 class 关键字更像是一个作用域操作符，而不是类型声明语句。是的，它的确可以创建一个还不存在的类，但你可以把这当成是一个令人愉快的副作用。class 关键字的核心任务是把你带到类的上下文中，让你可以在里面定义方法。

这种对 class 关键字的剖析并非只有学术意义，它还具有重要的实践意义：可以重新打开已经存在的类并对之进行动态修改，即使像 String 或者 Array 这样标准库中的类也不例外。这种法术称为**打开类**（open class）。

打开类

为了了解打开类在实际工作中的用法，我们来看一个类库中的真实例子。

Monetize 程序的例子

你可以在 monetize 包中找到打开类的实例。这是一组用于管理资金和现金的工具类。下面的代码可以用于创建 Money 对象：

object_model/monetize_example.rb

```
require "monetize"

bargain_price = Monetize.from_numeric(99, "USD")
bargain_price.format            # => "$99.00"
```

这个类库还提供了一种快捷方法，让你可以通过调用 Numeric#to_money 方法把任意数值转换为一个 Money 对象：

```
require "monetize"

standard_price = 100.to_money("USD")
standard_price.format           # => "$100.00"
```

由于 Numeric 是一个标准 Ruby 类，所以你可能好奇 Numeric#to_money 方法是在哪里定义的。查看 monetize 包的源代码，可以找到如下代码，它重新打开了 Numeric 类，并定义了这个方法：

gems/monetize-1.1.0/lib/monetize/core_extensions/numeric.rb

```
class Numeric
  def to_money(currency = nil)
    Money.from_numeric(self, currency || Money.default_currency)
  end
end
```

对类库来说，像这样使用打开类的情况是非常普遍的。尽管很酷，打开类法术也有它的阴暗面。

2.1.2 打开类的问题

The Problem with Open Classes

没过多久，你和Bill又找到一个使用打开类的机会。在书虫的源代码中，包含一个替换数组元素的方法。

object_model/replace.rb

```
def replace(array, original, replacement)
  array.map {|e| e == original ? replacement : e }
end
```

先不管replace方法的内部实现，你可以通过书虫的单元测试看看怎样使用这个方法：

```
def test_replace
  original = ['one', 'two', 'one', 'three']
  replaced = replace(original, 'one', 'zero')
  assert_equal ['zero', 'two', 'zero', 'three'], replaced
end
```

你抢过键盘（Bill反应慢，让你占了便宜），把这个方法移到Array类中：

```
class Array
  def replace(original, replacement)
    self.map {|e| e == original ? replacement : e }
  end
end
```

接着你把所有调用replace的方法改为调用Array#replace方法。于是，单元测试代码就变成了这样：

```
def test_replace
  original = ['one', 'two', 'one', 'three']
➤ replaced = original.replace('one', 'zero')
  assert_equal ['zero', 'two', 'zero', 'three'], replaced
end
```

保存测试代码，开始测试。然后……老天！尽管test_replace通过了测试，但是其他测试莫名其妙地失败了，而且失败的原因看起来跟你修改的代码没什么关系。发生了什么？

Bill说：“我想我知道刚刚发生了什么”。他打开一个irb（Ruby的命令行解释器）会话，列出了Array类中所有以re开头的方法：

```
[].methods.grep /^re/    # => [:reverse_each, :reverse, ..., :replace, ...]
```

查看 irb 的输出结果后，你发现了问题所在。`Array` 类已经有了一个名为 `replace` 的方法。在定义自己的 `replace` 方法时，你无意中覆盖了原有的 `replace` 方法，而书虫程序的其他部分依赖于原来的方法。

这就是打开类法术的阴暗面：如果你粗心地为某个类添加了新功能，就可能遇到像这样的Bug。有些人不喜欢这种鲁莽地修改类的方式，他们给它起了一个不太好听的名字：**猴子补丁**（Monkeypatch）。

猴子补丁

发现问题后，你和Bill把`Array#replace`方法重新命名为`Array#substitute`，并且修改了单元测试和调用该方法的代码。吃一堑长一智，这件事并没有影响你的工作兴致，它反而激起了你对 Ruby 类的兴趣。

2.2 类的真相

Inside the Object Model

你将知道令人惊讶的关于对象、类及常量的真相。

打开类的教训让你感到 Ruby 的类没那么简单。随着学习的深入，Ruby 类和 Ruby 对象模型很可能会让你震惊。

关于 Ruby 对象模型，要学的内容还很多，不过你也不必胆怯。一旦理解了 Ruby 的类和对象，你就走上了精通元编程的康庄大道。让我们从最基本的对象讲起。

2.2.1 对象中有什么

What's in an Object

运行如下代码：

```
class MyClass
  def my_method
    @v = 1
  end
end

obj = MyClass.new
obj.class          # => MyClass
```

看看这个 `obj` 对象，如果可以打开 Ruby 的解释器来查看 `obj` 对象内部，那么会看到什么呢？

> **猴子补丁危险么？**
>
> 猴子补丁是个贬义词，这是因为使用它确实存在风险。如果误用了它（就像你和 Bill 刚刚所做的那样），那么它无疑是危险的。但是有时候，我们会有意地使用它，尤其是希望改造已有类库时，它会很有用。
>
> 因此，使用猴子补丁一定要多加小心。由于涉及全局性修改，猴子补丁很难追踪。为了最大限度地降低风险，在为某个类定义新方法前应该仔细检查该类是否已有同名的方法。另外，你应该注意，有些做法比其他的做法更危险。比如，一般来说，添加新方法就比修改已有的方法安全。
>
> 稍后，你还会学到一些可以替代猴子补丁的法术。比如，使用**细化**（Refinement，36）就比猴子补丁安全。但是我不能保证它能完全替代猴子补丁的作用。

实例变量

对象包含实例变量。你可以通过调用 `Object#instance_variables` 方法来查看它们。在上面的例子里，`obj` 对象只有一个实例变量：

```
obj.my_method
obj.instance_variables          # => [:@v]
```

与 Java 这样的静态语言不同，Ruby 中对象的类和它的实例变量没有关系，当给实例变量赋值时，它们就突然出现了。因此，对于同一个类，你可以创建具有不同实例变量的对象。例如，如果你没有调用过 `obj.my_method` 方法，`obj` 对象就不会有任何实例变量。可以把 Ruby 中实例变量的名字和值理解为哈希表中的键/值对，每一个对象的键/值对都可能不同。

关于实例变量，这就是你需要知道的全部内容。下面来看看方法吧。

方法

除了实例变量外，对象还有方法。通过调用 `Object#methods` 方法，可以获得一个对象的方法列表。绝大多数的对象（包括上面示例代码中的 `obj` 对象）都从 `Object` 类中继承了一组方法，因此这个列表很长。可以通过调用 `Array#grep` 方法确定 my_method 确实在 obj 对象的方法列表中：

```
obj.methods.grep(/my/)          # => [:my_method]
```

如果可以撬开 Ruby 解释器并查看 obj，你就会注意到这个对象其实并没有真正存放一组方法。在其内部，一个对象仅包含它的实例变量以及一个对自身类的引用（因为每个对象都属于一个类，或者用面向对象的术语说，每个对象都是某个类的一个实例）。那么，方法在哪里呢？

你的伙伴 Bill 走到办公室的白板前，开始画草图。“给你一分钟想一下”，他说道，同时画出了图 2-1。“共享同一个类的对象也共享同样的方法，因此方法必须存放在类中，而非对象中”。

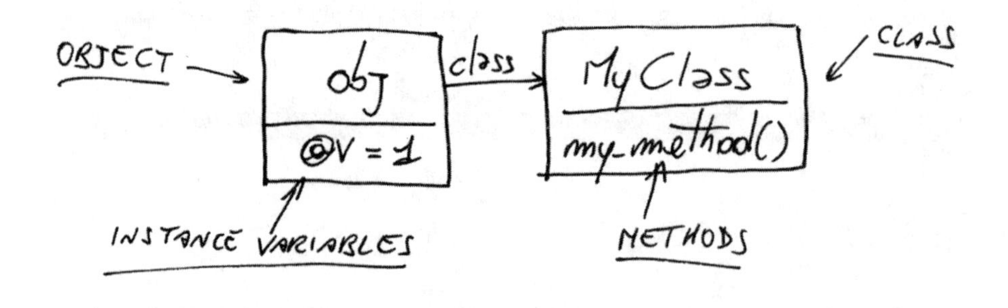

图 2-1 实例变量存放在对象中，而方法存放在类中

在继续学习之前，你应该了解规范的表达方式。你可以说：“obj 有一个叫 my_method()的方法”，这意味着可以调用 obj.my_method()方法”。但是，你不能说：“MyClass 有一个叫 my_method()的方法”，这会引起误解。如果这样说，就意味着它是一个类方法，可以这样进行调用：MyClass.my_method()。

为了消除歧义，应该说 my_method()是 MyClass 的一个实例方法（而不是简单地叫“方法”），这意味着这个方法定义在 MyClass 中，需要定义一个 MyClass 的实例才能调用它。它还是那个方法，不过在讨论类的时候，应该说它是一个实例方法。只有在讨论对象的时候，才可以说它是一个方法。记住这种区别，这样在写像下面这样的自省（introspective）方法时，才不会感到困惑：

```
String.instance_methods == "abc".methods        # => true
String.methods == "abc".methods                 # => false
```

总结一下：一个对象的实例变量存在于对象本身之中，而一个对象的方法存在于对象自身的类中。这就是同一个类的对象共享同样的方法，但不共享实例变量的原因。

这些就是你需要知道的关于对象、实例变量和方法的所有内容。下面，我们再深入看看类的特性。

2.2.2 类的真相

The Truth About Classes

让我告诉你 Ruby 对象模型最重要的知识：类本身也是对象。

既然类也是对象，那么适用于对象的规则也就适用于类。类像其他对象一样，也有自己的类，它的名字叫做 `Class`：

```
"hello".class          # => String
String.class           # => Class
```

你可能已经从其他面向对象的语言中学到了类这个概念。然而，在 Java 这样的语言中，类的实例只是类的一个不可修改的描述。相反，在 Ruby 中，你可以像操作其他任何对象一样对类进行操作。例如，在第 5 章（星期二：类定义，第 105 页）中，我们会调用 `Class.new` 方法在运行时创建一个类。这就是 Ruby 元编程的灵活性：其他的语言只允许你读取类的相关信息，而 Ruby 允许你在运行时修改这些信息。

像其他任何对象一样，类也有方法。还记得前面讲过的关于实例方法内容么？一个对象的方法也是其类的实例方法。这意味着一个类的方法就是 `Class` 的实例方法：

```
# 参数"false"在这里表示忽略继承的方法
Class.instance_methods(false)        # => [:allocate, :new, :superclass]
```

你应该已经知道 `new` 方法，它是用来创建对象的。`allocate` 方法是 `new` 方法的支撑方法，你用到它机会可能不多。

不过，你以后会经常使用 `superclass` 方法。这个方法和你很熟悉的一个概念（继承）有关。Ruby 的类继承自它的超类*，让我们看看下面的代码：

---

* 译注：也称为父类。

```
Array.superclass          # => Object
Object.superclass         # => BasicObject
BasicObject.superclass    # => nil
```

Array 类继承自 Object 类，换句话说，“数组是对象”。Object 类中有大多数对象都需要的方法，比如 to_s 方法（用于把对象转换为字符串）。而 Object 本身又继承自 BasicObject，BasicObject 是 Ruby 对象体系中的根节点，它只有少数几个方法。稍后，你会学到更多有关 BasicObject 的知识。

既然提到了超类，你也许会问：Class 类的超类是什么？

模块

请深吸一口气，让我们看看 Class 类的超类究竟是什么？

```
Class.superclass          # => Module
```

Class 类的超类是 Module（模块），也就是说，每个类都是一个模块。准确地说，类就是带有三个方法（new、allocate、superclass）的增强模块，这三个方法可以让你按一定的层次创建对象。

实际上，在 Ruby 中，类与模块这两个概念实在是太接近了，完全可以用任意一个来代表另一个。保留这两个概念的主要原因是为了获得代码的清晰性，让代码的意图显得更加明确。

如果你希望把自己的代码包含（include）到别的代码中，就应该使用模块；如果你希望某段代码被实例化或者被继承，就应该使用类。因此，尽管类和模块在很多场合中是可以互换的，但是你最好还是按习惯来选择其中一个使用，这样可以更好地表明代码的意图。

类与普通对象

Bill 开始总结了，他写了一段代码，并在白板上画了一幅图。

```
class MyClass; end
obj1 = MyClass.new
obj2 = MyClass.new
```

Bill 指着图 2-2 问道：“看到了么？类和普通的对象可以和谐相处”。

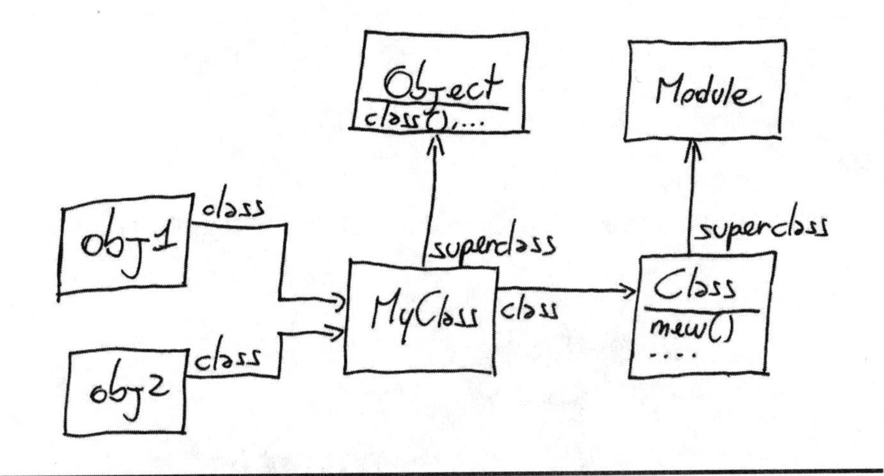

图 2-2 类就是对象

关于类和对象，还有一个值得注意的细节：像普通的对象一样，类也可以通过引用来访问。变量可以像引用普通对象一样引用类：

```
my_class = MyClass
```

`MyClass` 和 `my_class` 都是对同一个 `Class` 类的实例的引用，唯一的区别在于，`my_class` 是一个变量，而 `MyClass` 是一个常量。换句话说，就像类不过是对象而已，类名也无非就是常量。现在让我们来进一步认识常量。

2.2.3 常量
Constants

任何以大写字母开头的引用（包括类名和模块名）都是常量。你可能会感到惊讶，但是 Ruby 中的常量实际上类似于变量——尽管 Ruby 解释器会给你警告，但你还是可以修改常量的值。如果你心情不好，甚至可以修改 `String` 的类名，从而把整个 Ruby 系统搞崩溃。

如果常量的值可以修改，那么常量和变量又有什么分别呢？最大的区别在于它们的作用域（scope）不同。常量有自己独特的作用域规则。下面这个例子可以说明这一点：

```
module MyModule
  MyConstant = 'Outer constant'

  class MyClass
    MyConstant = 'Inner constant'
  end
end
```

Bill从衬衣口袋掏出一张餐巾纸，在上面画了这段代码的常量结构（图2-3）。

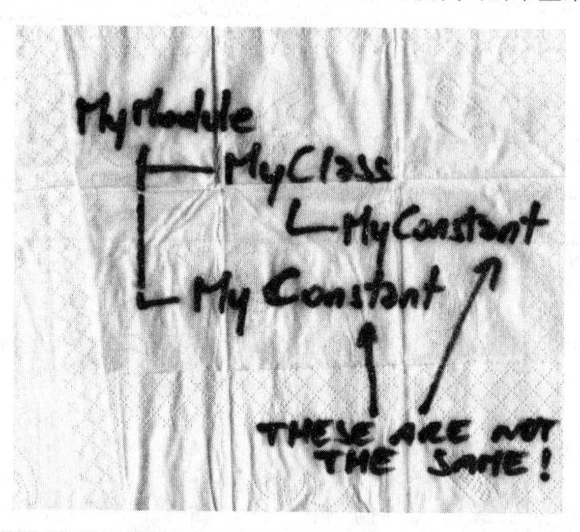

图2-3 Bill在餐巾纸上画出的常量结构

这段代码中的所有常量像文件系统一样组织成树形结构，其中的模块和类就像是目录，而常量则像是文件。像文件系统一样，只要不在同一个目录下，不同文件可以有相同的文件名。甚至可以像文件系统一样用路径来引用一个常量。

常量的路径

像文件路径一样，常量也可以通过路径来标识。常量的路径用双冒号进行分隔（这是模仿C++的域操作符）：

```
module M
  class C
    X = 'a constant'
  end
  C::X          # => "a constant"
end
M::C::X         # => "a constant"
```

如果处在模块层次比较深的位置，想通过绝对路径来访问外层的常量，则可以用一个双冒号开头来表示路径的根位置：

```
Y = 'a root-level constant'

module M
  Y = 'a constant in M'
  Y            # => "a constant in M"
  ::Y          # => "a root-level constant"
end
```

有点容易让人犯晕的是，Module类还有一个实例方法和一个类方法，它们的方法名都叫 constants。Module#constants 方法返回当前范围内的所有常量，就如同你在文件系统中输入 ls 命令一样（如果你用的是 Windows 系统，那么相当于 dir 命令）。Module.constants 方法返回当前程序中所有顶层的常量，其中也包括类名：

```
M.constants                            # => [:C, :Y]
Module.constants.include? :Object      # => true
Module.constants.include? :Module      # => true
```

如果想知道当前代码所在的路径，则可以使用 Module.nesting 方法：

```
module M
  class C
    module M2
      Module.nesting          # => [M::C::M2, M::C, M]
    end
  end
end
```

Ruby 常量和文件系统还有更相似的地方：就像你可以用目录来组织文件一样，你也可以用模块来组织常量。让我们看一个例子。

以 Rake 为例

Rake 是流行的 Ruby 构建系统，它的最初版本定义了一些常见的类名，例如 Task 和 FileTask。这些类名与其他类库中的类名相冲突的概率很大，为了防止命名冲突，最近的 Rake 版本中把类定义在名为 Rake 的模块中：

gems/rake-0.9.2.2/lib/rake/ task.rb

```
module Rake
  class Task
    # ...
```

现在 Task 类的全名就变成 Rake::Task，这样就很难与别人的类名发生冲突。像 Rake 这样只是用来充当常量容器的模块，被称为**命名空间**（Namespace）。

命名空间

转换到命名空间也存在问题：如果有一个老的 Rake 脚本，它还在引用那个较早的、没有命名空间的 Rake，那么它在新版本的 Rake 中将无法工作。因此，Rake 有段时间提供了向前兼容的功能。Rake 提供了一个称为 classic-namespace 的命令行选项。使用这个选项后，Rake 会额外加载一个脚本文件，该脚本会把新的、更安全的常量名赋给旧的、不安全的常量：

gems/rake-0.9.2.2/lib/rake/classic_namespace.rb

```
Task = Rake::Task
FileTask = Rake::FileTask
FileCreationTask = Rake::FileCreationTask
# ...
```

当加载执行这个文件时，Task 和 Rake::Task 代表同样的 Class 实例，因此你可以使用其中任意一个。现在，Rake 认为所有的用户都已经按照新的命名空间更新了脚本，所以它取消了这个选项。

关于常量已经讨论得够多了。让我们回到对象和类上，总结一下我们学到的知识。

2.2.4 对象和类的小结

Objects and Classes Wrap-Up

什么是对象？对象就是一组实例变量外加一个指向其类的引用。对象的方法并不存在于对象本身，而是存在于对象的类中。在类中，这些方法被称为类的实例方法。

什么是类？类就是一个对象（Class 类的一个实例）外加一组实例方法和一个对其超类的引用。Class 类是 Module 类的子类，因此一个类也是一个模块。如果感到困惑，请回头看看图 2-2（21 页）。

像其他对象一样，类有自己的方法（比如 new 方法），这些是 Class 类的实例方法。像其他对象一样，类必须通过引用进行访问。你已经使用常量（就是类的名字）引用过它们。

Bill 说道：“这些差不多就是你需要知道的关于对象和类的所有知识了。如果能理解这些知识，你就走上了理解元编程的康庄大道。现在，让我们回到书虫的代码上来”。

2.2.5 使用命名空间

Using Namespaces

在看了一阵书虫的代码后，你发现一个表示书中文本的类的名字很奇怪。

```
class TEXT
  # ...
```

Ruby 的类名是 Pascal 风格的，名字中间没有间隔，并且只有每个单词的首字母大写，像 `ThisTextIsPascalCased` 这样。于是，你和 Bill 把它改名为 `Text`。

```
class Text
```

你修改了所有引用该类的代码，运行单元测试，却发现单元测试失败了！

```
< TypeError: Text is not a class
```

“它是类呀！”你喊道。这一次连 Bill 也困惑了。你们花了好长时间才找出原因。原来书虫程序包含(require)了一个名为 Action Mailer 的类库，而 Action Mailer 又引用了一个文本格式化的类库，其中包含一个模块，它也叫 `Text`。

```
module Text
```

由于 `Text` 已经被定义为模块，所以 Ruby 不能把它当做一个类。从某种程度上说，你们很幸运，因为这个命名冲突比较容易发现。如果 Action Mailer 把 `Text` 定义成一个类，你们就可能永远找不到原因了。如果是这样，你就无意中对 `Text` 类打了**猴子补丁**（16），而且只有单元测试才能发现潜在的 Bug。

使用**命名空间**（23）可以轻松解决你的 `Text` 类与 Action Mailer 中 `Text` 类的命名冲突问题，只需将你的类放到一个命名空间里即可：

```
module Bookworm
  class Text
```

你和 Bill 还将所有对 `Text` 类的引用修改为引用 `Bookworm::Text`。某个外部类库也定义一个 `Bookworm::Text` 类的可能性非常小，因此应该不会再发生命名冲突了。

这一次你可是学了不少东西！可以好好放松一下，先喝一杯咖啡，然后咱们做一个小测验。

加载（load）和包含（require）

关于**命名空间**(23)，还有一个有趣的细节。这涉及 Ruby 的 `load` 和 `require` 方法。假设你上网找到一个 `motd.rb` 文件，可以把它用到自己的程序里去：

```
load('motd.rb')
```

不过，使用 `load` 方法有一个副作用。`motd.rb` 文件很可能定义了变量和类。尽管变量在加载完成后就会落在当前作用域之外，但常量不会。于是，`motd.rb` 的常量（尤其是类名）就有可能污染当前程序的命名空间。好在你可以用参数来强制 `motd.rb` 的常量仅在自身范围内有效：

```
load('motd.rb', true)
```

用这种方式加载文件，Ruby 会创建一个匿名模块，用它作为命名空间来容纳 `motd.rb` 中定义的所有常量。加载完成后，该模块会被销毁。

`require` 方法与 `load` 方法很相像，但作用不同。`load` 用于加载代码，而 `require` 用来导入类库。所以，`require` 方法没有可选的参数，导入的类库是你希望得到的，因此没有理由在加载后销毁其中的类名。另外，`require` 方法对每个文件只加载一次，而 `load` 方法在每次调用时都会再次运行所加载的文件。

2.3 小测验：缺失的连接线

Quiz: Missing Lines

Bill 曾用一张图（图 2-4）和一段代码向你展示对象和类是怎样联系在一起的。

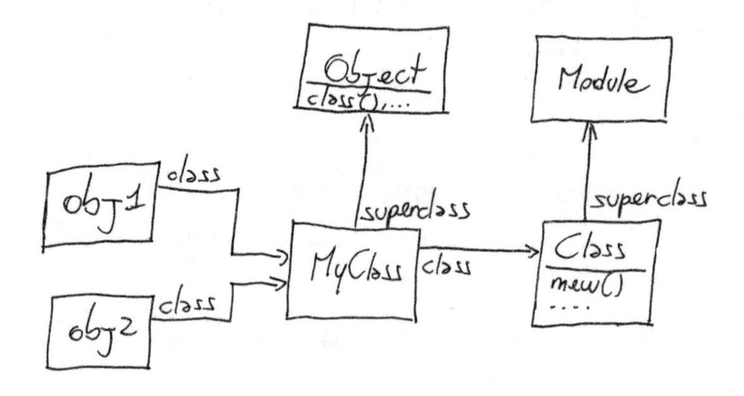

图 2-4 Bill 的对象模型图

```ruby
class MyClass; end
obj1 = MyClass.new
obj2 = MyClass.new
```

这张图展现了各个实体之间的关系。现在请你回答以下问题，并在图中加入更多的连线和方块。

- Object 的类是什么？
- Module 的超类是什么？
- Class 的类是什么？
- 假设有如下代码，你能把 `obj3` 放到图中的合适位置么？

```ruby
obj3 = MyClass.new
obj3.instance_variable_set("@x", 10)
```

可以借助 irb 和 Ruby 文档来解答。

2.3.1 小测验答案
Quiz Solution

答案显示在图 2-5 中。你可以借助 irb 找出 `Module` 的超类是 `Object`。由于 `Object` 是一个类，所以它的类必然是 `Class`，这一点无需借助 irb 就能知道。对所有的类来说这都是成立的，也就是说 `Class` 的类就是 `Class` 类本身。难道你不喜欢这种自我引用的逻辑？

最后，调用 `instance_variable_set` 方法让 `obj3` 获得自己的实例变量 `@x`。如果你感到奇怪，请回忆一下，在 Ruby 这样的动态语言中，每个对象都有自己的一组实例变量，它们与其他对象是相互独立的，哪怕是属于同一个类的对象。

2.4 调用方法时发生了什么？
What Happens When You Call a Method?

你将了解方法调用的秘密。

在书虫程序上奋战了几个小时之后，你和 Bill 越来越有信心解决所有的问题了。不过，就在快下班时你又遇到了难题。有一个 Bug 像“钉子户”一样顽固，你翻看了好多类、模块和方法，就是找不到解决办法。

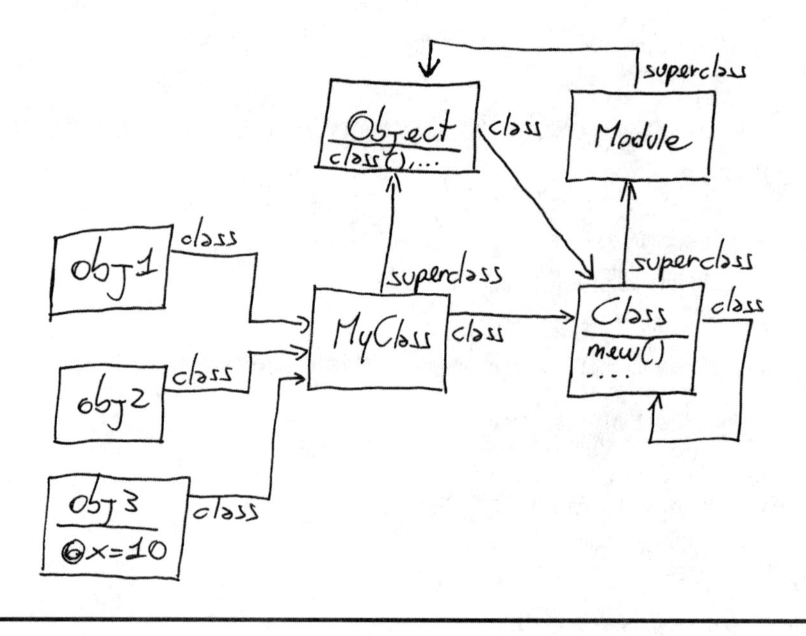

图 2-5 修改后的草图

Bill 提示你说：“这段代码太复杂了。要理解它，你先要知道调用方法时究竟发生了什么。”Bill 接着解释说，调用方法时 Ruby 会做两件事：

(1) 找到这个方法，这个过程称为方法查找。

(2) 执行这个方法，为了做到这点，Ruby 要用到一个称为 `self` 的东西。

这个找到方法再执行方法的过程在每种面向对象的语言中都会发生。不过，对学习 Ruby 这类动态语言的人来说，理解这个过程显得尤其重要。让我们先学习方法查找，然后再学习 `self`。

2.4.1 方法查找

Method Lookup

你已经知道如何进行最简单的方法查找了。回顾图 2-1（第 18 页），调用一个方法前，Ruby 会在对象的类中查找那个方法。不过，在进一步学习之前，你还要掌握两个新概念：**接收者**（receiver）和**祖先链**（ancestors chain）。

接收者就是你调用方法所在的对象。例如，在 my_string.reverse() 语句中，my_string 就是接收者。

为了理解祖先链的概念，可以先观察任意一个 Ruby 类。想象从一个类找到它的超类，然后再找到超类的超类，依此类推，直到找到 BasicObject 类（Ruby 类体系结构的根节点）。在这个过程中，经历的类路径就是该类的祖先链。（祖先链中还可能包含模块，但我们先忽略它。Bill 稍后就会谈到模块。）

知道了什么是接收者和祖先链，就可以用一句话来概括方法查找的过程：Ruby 首先在接收者的类中查找，然后再顺着祖先链向上查找，直到找到这个方法为止。Bill 用了一段代码和一张图（图 2-6）来解释这个过程。

object_model/lookup.rb

```ruby
class MyClass
  def my_method; 'my_method()'; end
end

class MySubclass < MyClass
end

obj = MySubclass.new
obj.my_method()          # => "my_method()"
```

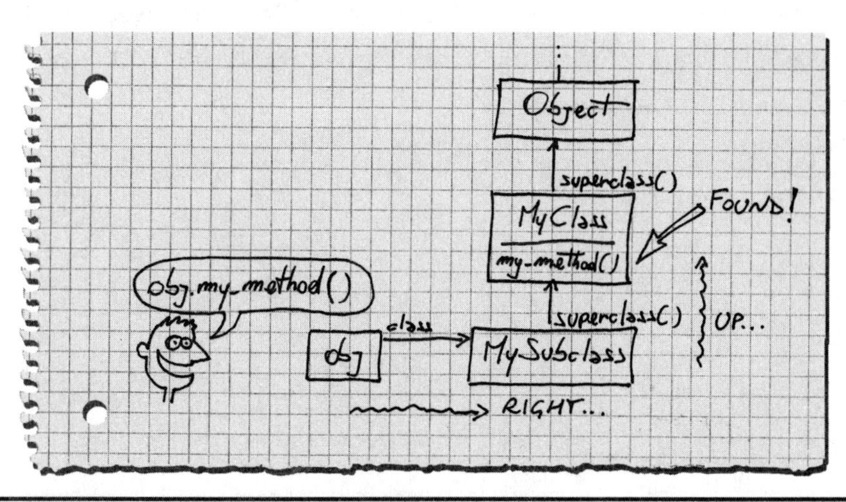

图 2-6 查找方法的方式，向右一步，再向上

熟悉类图的人可能会觉得这张图很奇怪。obj 只是一个普通对象，为什么会出现在类图里呢？没关系，这不是一张类图。图中的每个方块都是一个对象，只是某些对象碰巧也是类，而这些类又通过 superclass 方法联系在了一起。

调用 my_method 方法时，Ruby 会从接收者 obj 出发查找，它先找到右边的 MySubclass 类。由于在这里不能找到 my_method() 方法，所以 Ruby 会继续向上查找，最后在 MyClass 类那里找到了这个方法。

由于 MyClass 并没有明确指定它的超类，所以它继承自默认的超类：Object 类。如果在 MyClass 中也没找到这个方法，Ruby 就会沿着祖先链继续向上查找 Object 类和 BasicObject 类。

这种查找规则称为“向右一步，再向上”：先向右一步来到接收者所在的类，然后沿着祖先链向上查找。可以通过调用 ancestors 方法获得类的祖先链：

```
MySubclass.ancestors # => [MySubclass, MyClass, Object, Kernel, BasicObject]
```

“Kernel 怎么会在祖先链里？”你问道，“Kernel 应该是模块，而不是类呀。”

“你是对的。” Bill 承认，“我忘了介绍模块了……”

模块与方法查找

你已经知道祖先链是从类开始到其超类结束。实际上，祖先链中也包括模块。当把一个模块包含在一个类（或者是一个模块）中时，Ruby 就会把这个模块加入该类的祖先链接中，该模块在祖先链中的位置就在包含它的类之上：

object_model/modules_include.rb

```
module M1
  def my_method
    'M1#my_method()'
  end
end

class C
  include M1
end

class D < C; end

D.ancestors           # => [D, C, M1, Object, Kernel, BasicObject]
```

从 Ruby 2.0 开始，还可以用另外一种方式把模块插入一个类的祖先链中：使用 prepend 方法。它的功能与 include 相似，不过这个方法会把模块插入祖先链中包含它的该类的下方，而不像 include 方法那样插入上方：

```
class C2
  prepend M2
end

class D2 < C2; end
D2.ancestors          # => [D2, M2, C2, Object, Kernel, BasicObject]
```

Bill 画出图 2-7，用于展示 include 和 prepend 是怎样工作的。

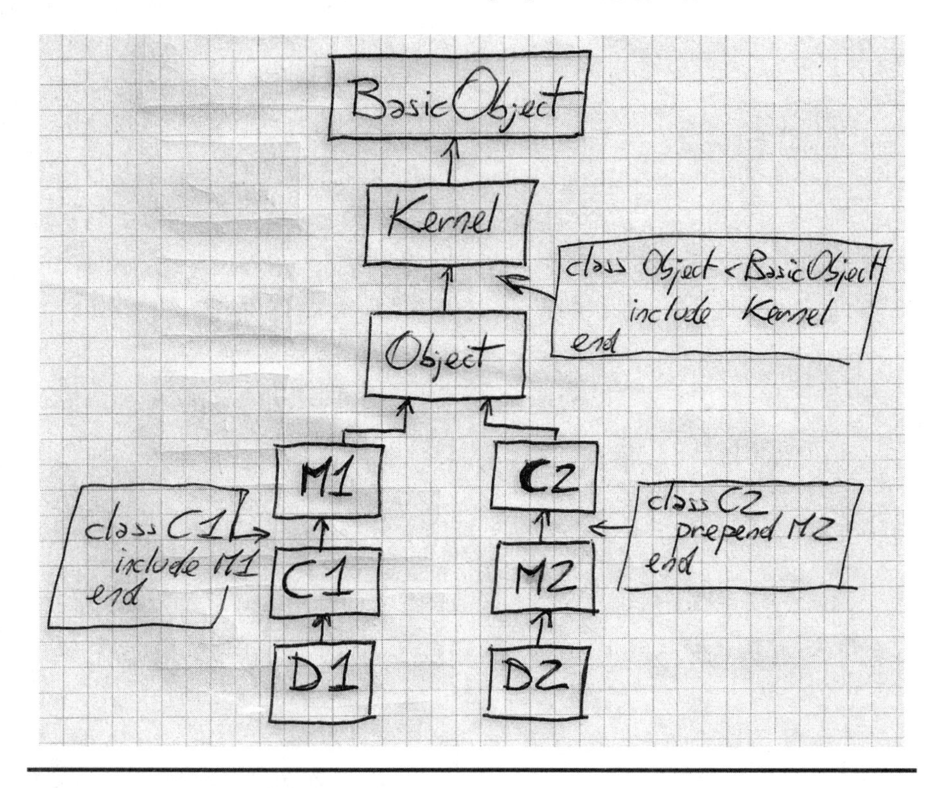

图 2-7 包含模块的方法查找

在本书稍后的部分，你会看到prepend方法带来的好处。现在，这些知识已经足够你理解图 2-7 了。关于 include 和 prepend，还有一个重要知识点，值得马上学习。

多重包含

如果试图在某个类的祖先链中多次加入同一个模块，会发生什么呢？比如下面这个例子：

object_model/modules_multiple.rb

```
module M1; end

module M2
  include M1
end

module M3
  prepend M1
  include M2
end

M3.ancestors          # => [M1, M3, M2]
```

在上面的代码中，M3 先用 prepend 方法包含了 M1，然后用 include 方法包含了 M2，M2 本身又用 include 方法包含了 M1。不过，在 M2 包含 M1 的时候，这个动作不会产生任何效果，因为 M1 已经存在于祖先链中。每次 include 或 prepend 一个模块时，如果该模块已经存在于祖先链中，那么 Ruby 会悄悄地忽略这个包含（include 或 prepend）指令。因此，一个模块只会在一条祖先链中出现一次。这种处理方式也许会在未来的 Ruby 版本中改变，但你暂时不用为它操心。

既然提到了模块，就有必要了解一下无处不在的 Kernel 模块。

Kernel 模块

Ruby 中有一些方法（如 print）可以随时随地进行调用。看起来就像所有的对象都有 print 方法一样。Bill 告诉你，这是因为这些方法实际上都是 Kernel 模块的私有实例方法：

```
Kernel.private_instance_methods.grep(/^pr/) # => [:printf, :print, :proc]
```

这里的秘密在于 Object 类包含了 Kernel 模块，因此 Kernel 就进入了每个对象的祖先链。于是，无论哪个对象都可以随意调用 Kernel 模块的方法。这使得 print 看起来就像一个关键字，其实它只是一个方法而已。漂亮吧？

内核方法

你自己也可以运用这种技巧：给 Kernel 模块增加一个方法，这个方法就对所有对象可用了。这个方法称为**内核方法**（Kernel Method）。为了证明这个技巧真的有用，让我们看看某些 Ruby 类库是怎样使用它的吧。

Awesome Print 包的例子

awesome_print 包可以在屏幕上输出漂亮的 Ruby 对象，比如添加颜色、缩进和其他一些美化方式：

object_model/awesome_print_example.rb

```
require "awesome_print"

local_time = {:city => "Rome", :now => Time.now }
ap local_time, :indent => 2
```

上面的代码将输出：

```
< {
    :city => "Rome",
    :now => 2013-11-30 12:51:03 +0100
  }
```

你可以在任何地方调用 ap 方法，因为它是**内核方法**(32)。请看 Awesome Print 包的源代码：

gems/awesome_print-1.1.0/lib/awesome_print/core_ext/kernel.rb

```
module Kernel
  def ap(object, options = {})
    # ...
  end
end
```

学习了 Ruby 的模块和 Kernel 模块，让我们再看看 Ruby 在找到方法后是怎样执行它们的吧。

2.4.2 执行方法

Method Execution

调用方法时，Ruby 要做两件事情：首先找到这个方法，然后执行这个方法。到目前为止，我们只学了如何找到方法，接下来可以学习如何执行方法了。

假设你自己就是 Ruby 解释器，现在某人调用了一个名叫 my_method 的方法，你用“向右一步，再向上”的方式找到了这个方法，发现该方法定义如下：

```
def my_method
  temp = @x + 1
  my_other_method(temp)
end
```

为了执行这个方法，需要回答两个问题。首先，实例变量@x 属于哪个对象？其次，应该在哪个对象上调用方法 my_other_method？

你很可能凭直觉就能回答这两个问题：@x 实例变量和 my_other_method 方法都属于接收者——那个最初调用 my_method 方法的对象。不过，Ruby 可没有这么强的直觉。调用方法时，Ruby 需要持有一个接收者的引用，正是由于有这个引用，Ruby 才知道哪个对象是接收者，再用它来执行这个方法。

这个接收者的引用也可以为你所用，让我们继续深入学习吧。

self 关键字

Ruby 的每一行代码都会在一个对象中被执行——这个对象就是所谓的当前对象。当前对象也可以用 self 表示，因为可以用 self 关键字来对它进行访问。

任何时刻，只有一个对象能充当当前对象，而且没有哪个对象能长期充当这一角色。调用一个方法时，接收者就成为 self。从这一刻起，所有的实例变量都是 self 的实例变量，所有没有明确指明接收者的方法都在 self 上调用。一旦你的代码转而调用其他对象的方法，这个对象就成为了 self。

下面这个精巧的例子可以实际演示 self 的用法：

object_model/self.rb

```
class MyClass
  def testing_self
    @var = 10            # self的一个实例变量
    my_method()          # 与self.my_method()相同
    self
  end

  def my_method
    @var = @var + 1
  end
end

obj = MyClass.new
obj.testing_self       # => #<MyClass:0x007f93ab08a728 @var=11>
```

调用 testing_self 方法时，接收者 obj 就成为 self。因此，实例变量@var 就是 obj 对象的实例变量，而且 my_method 方法也在 obj 上被调用。在 my_method 方法执行期间，self 还是 obj，因此@var 还是 obj 对象的实例变量。最后，testing_self 方法返回 self 的引用（通过查看输出的结果，可以知道@var 现在的值是 11）。

私有（private）究竟意味着什么

既然你知道了 self，就可以重新审视 Ruby 的 private 关键字了。私有方法服从一条简单的规则：不能明确指定接收者来调用私有方法。换言之，私有方法只能通过隐性的接收者 self 调用。下面看一个极端例子：

```
class C
  def public_method
    self.private_method
  end

  private

  def private_method; end
end

C.new.public_method

< NoMethodError: private method 'private_method' called [...]
```

如果去掉 self 关键字，这段代码就可以正常运行了。这个例子说明私有方法同时遵守两条规则：首先，如果调用方法的接收者不是自己，就必须明确指明接收者；其次，私有方法只能通过隐性的接收者调用。根据这两条规则，你只能在自身中调用私有方法。这条综合的规则称为**私有规则**。

在 Java 或者 C#中，私有方法的处理方式与 Ruby 截然不同。如果你学过这两种编程语言，也许会觉得 Ruby 的私有方法令你困惑。不过，只要知道了私有规则，你就会豁然开朗。如果对象 x 和对象 y 都是同一个类的对象，那么 x 能调用 y 的私有方法么？答案是不能，因为不管属于哪个类，你始终需要明确指明接收者来调用另一个对象的方法。那么，可以调用从超类中继承来的私有方法么？可以，因为调用继承来的方法不用明确指明接收者。

Ruby 高手都知道当前哪个对象在充当 self 的角色。这并不难，只要追踪谁是最后一个方法的接收者就行。不过，有两种特殊的情况值得注意。

顶层上下文

我们已经知道任何时刻只要调用某个对象的方法，这个对象就成为 self。如果还没有调用任何方法，这时谁是 self 呢？你可以运行 irb 来向 Ruby 要答案：

```
self                # => main
self.class          # => Object
```

Ruby 程序开始运行时，Ruby 解释器会创建一个名为 `main` 的对象作为当前对象。这个对象有时被称为顶层上下文（top level context），这个名字的由来是因为这时你处在调用堆栈的顶层：要么还没有调用任何方法，要么调用的所有方法都已经返回。（Ruby 的 `main` 对象与 C 和 Java 的 `main` 函数没有任何关系。）

类定义与 self

在类和模块定义之中（且在任何方法定义之外），self 的角色由这个类或模块本身担任：

```
class MyClass
  self          # => MyClass
end
```

现在这个知识点还派不上用场，不过稍后它会成为一个重要概念。

关于执行方法的知识可以用几句话总结：调用方法时，Ruby 按照“向右一步，再向上”的规则查找该方法，然后用接收者作为 `self` 执行该方法。这个过程中可能会出现一些特殊情况（比如包含了一个模块），但是几乎没有例外，除了下面这种情况……

2.4.3 细化

Refinement

还记得今天做第一项重构工作么？你跟 Bill 使用**打开类**（14）法术给 String 类添加了一个方法：

object_model/alphanumeric.rb

```
class String
  def to_alphanumeric
    gsub(/[^\w\s]/, '')
  end
end
```

这样修改类带来一个问题：这种修改是全局性的，从代码执行的那一刻开始，系统中所有的 `String` 对象都改变了。如果无意中影响了其他有用的代码，它就变成了破坏性的猴子补丁，就像你们无意中修改了 `Array#replace` 方法一样。

细化

从 Ruby 2.0 开始，你可以使用**细化**（refinement）技巧来解决这个问题。首先，你需要定义一个模块，然后在这个模块的定义中调用 `refine` 方法：

object_model/refinements_in_file.rb

```
module StringExtensions
  refine String do
    def to_alphanumeric
      gsub(/[^\w\s]/, '')
    end
  end
end
```

代码为 String 类细化了一个 to_alphanumeric 方法，与打开类不同，细化在默认情况下并不生效，如果直接调用 String#to_ alphanumeric 方法，就会报错：

```
"my *1st* refinement!".to_alphanumeric

< NoMethodError: undefined method `to_alphanumeric' [...]
```

为了让这些变化生效，必须调用 using 方法：

```
using StringExtensions
```

从调用 using 方法的这一刻起，所有的 Ruby 源代码都知道了这个变化：

```
"my *1st* refinement!".to_alphanumeric # => "my 1st refinement"
```

从 Ruby 2.1 开始，你甚至可以在一个模块内部调用 using 方法。这样，细化的作用范围只在该模块内部有效。下面的代码修改了 String#reverse 方法，但是这个修改只在 StringStuff 模块定义的范围内有效。

object_model/refinements_in_module.rb

```
module StringExtensions
  refine String do
    def reverse
      "esrever"
    end
  end
end

module StringStuff
  using StringExtensions
  "my_string".reverse # => "esrever"
end

"my_string".reverse # => "gnirts_ym"
```

细化和打开类的作用相似，区别在于细化不是全局性的。细化只在两种场合有效：①refine 代码块内部；②从 using 语句的位置开始到模块结束（如果是在模块内部调用 using 语句），或者到文件结束（如果是在顶层上下文中调用 using）。

在细化有限的作用域范围内，其作用跟打开类（或者叫猴子补丁）是一样的。它既可以用来定义新的方法，也可以重新定义已有方法，还可以 include 或 prepend 某个模块。总之它可以做到打开类技术所做的一切。在细化中定义的代码具有优先权，这种优先权既体现在重新定义的类中，也体现在该类包含（使用 include 或者 prepend 方法）的模块中。细化一个类就像把一个补丁直接打到原有代码上一样。

另一方面，由于细化并非全局性的，所以它不会带来打开类所具有的问题（参见第15页）。可以让细化只作用在你希望生效的地方，而其他的地方则保持不变。这样，就可以避免无意中破坏那些有用的代码。不过，局部的细化也可能带来让你意想不到的后果。

细化的陷阱

请看下面这段代码：

object_model/refinements_gotcha.rb

```ruby
class MyClass
  def my_method
    "original my_method()"
  end

  def another_method
    my_method
  end
end

module MyClassRefinement
  refine MyClass do
    def my_method
      "refined my_method()"
    end
  end
end

using MyClassRefinement
MyClass.new.my_method              # => "refined my_method()"
MyClass.new.another_method         # => "original my_method()"
```

由于 my_method 方法的调用出现在调用 using 之后，因此你会得到修改过的 my_method 方法，这跟我们预想的一样。不过，调用 another_method 方法的结果会让你感到意外：尽管它也是在使用 using 之后调用的，但是 another_method 中对 my_method 方法的调用是在使用 using 之前，因此你调用的还是 my_method 的原始版本，即没有修改的那个。

这个结果有点出人意料。所以，在使用**细化**（36）之前，要仔细检查方法的调用情况。另外，请记住细化法术仍然是实验性的，它还不成熟。在 Ruby 2.0 中，程序首次使用细化时，会收到一条郑重警告：

```
< warning: Refinements are experimental, and the behavior may change in future
  versions of Ruby!    # 细化是试验性的，可能在未来的Ruby版本中发生变化!
```

这条警告在 Ruby 2.1 中已经去掉了，但在某些特殊情况下，细化的结果仍然会出乎你的意料，而且其结果有可能在未来的 Ruby 版本中发生变化。例如，Ruby 规定虽然可以在一个普通的模块中调用 `refine` 方法，但是不能在类中调用这个方法（尽管我们都知道类也是模块）。另外，元编程的一些方法（比如 `methods` 和 `ancestors` 方法）会忽略对它们进行的细化。这些规定在技术上都有合理性，但它们还是容易让人迷惑。细化在规避猴子补丁的副作用方面很有潜力，但是 Ruby 社区还需要一些时间理解它，以便更好地利用它。

正当你思考细化的作用和风险时，Bill 发给你一个小测验。

2.5 小测验：混乱的模块
Quiz: Tangle of Modules

你将理顺乱成一团的模块、类和对象。

现在，可以回到最初引发你和 Bill 讨论方法查找和 `self` 的那个问题上了。你看不懂这段书虫代码中类和模块复杂的组织方式：

object_model/tangle.rb

```ruby
module Printable
  def print
    # ...
  end

  def prepare_cover
    # ...
  end
end

module Document
  def print_to_screen
    prepare_cover
    format_for_screen
    print
  end

  def format_for_screen
    # ...
  end
```

```
  def print
    # ...
  end
end

class Book
  include Document
  include Printable
  # ...
end
```

另一个书虫源文件创建了一个 Book 对象，并调用了 print_to_screen 方法：

```
b = Book.new
b.print_to_screen
```

公司的 Bug 管理系统提示这段代码有问题：print_to_screen 方法没有调用正确的 print 方法。除此之外，Bug 管理系统没有提供其他的信息。

你知道哪个版本的 print 方法被调用了么？是 Printable 类中的版本，还是 Document 类中的版本？请试着在一张纸上画出祖先链。你能快速修改代码，让 print_to_screen 方法调用另一个版本的 print 方法吗？

2.5.1 小测验答案 Quiz Solution

可以通过询问 Ruby 得到 Book 的祖先链：

```
Book.ancestors    # => [Book, Printable, Document, Object, Kernel, BasicObject]
```

如果在白板上画出这个祖先链，它看起来应该像图 2-8（第 41 页）那样。

让我们看看 Ruby 是怎样构造这个祖先链的。Book 没有明确的超类，它继承自 Object 类，而 Object 类包含了 Kernel 模块并继承自 BasicObject。Book 类包含 Document 模块，Ruby 为 Document 模块创建一个包含类，并把它加到 Book 类的祖先链上，位置正好在 Book 类之上。紧接着，Book 类又包含 Printable 模块，再一次，Ruby 为 Printable 模块创建一个包含类，并把它也加到 Book 的祖先链上，位置还是正好在 Book 类之上，这样，祖先链上从 Document 往上的成员便顺次提高了一位。

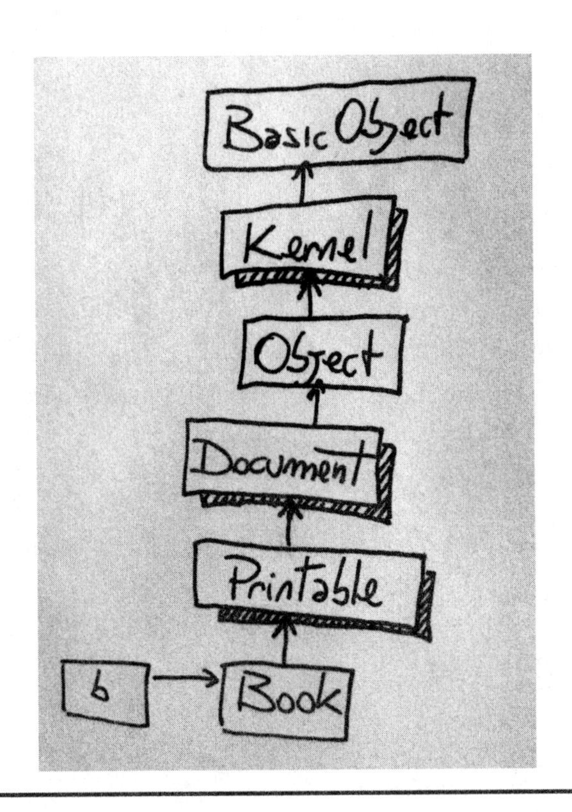

图 2-8 Book 类的祖先链

调用`b.print_to_screen`方法时，对象`b`成为`self`，并且开始进行方法查找。Ruby 在`Document`模块中找到了`print_to_screen`这个方法，并且这个方法还调用了其他方法，其中就包括`print`方法。所有没有明确指定接收者的调用都会作用于`self`，因此又开始从`Book`类（`self`所属于的类）开始进行方法查找，直到找到名为`print`的方法。在祖先链中最近一处定义`print`方法的是`Printable#print`，因此这个方法就被调用了。

Bug 报告系统提示原来的代码编写者的意图是调用`Document#print`方法。在实际的产品代码中，最好修改其中一处`print`方法的名字来消除命名冲突。不过，如果只是想完成这个测验，最简便的办法是更改`Book`类包含模块的顺序，让`Document`模块在祖先链中的位置低于`Printable`模块：

object_model/tangle_untwisted.rb

```
module Printable
  # ...
end
```

```
module Document
  # ...
end

class Book
> include Printable
> include Document

  Ancestors  # => [Book, Document, Printable, Object, Kernel, BasicObject]
end
```

前面的代码隐性地调用了 `Book` 类的 `ancestors` 方法，因为在类定义中，`self` 的角色是由类充当的。Bill 还指出了另一个有趣的细节：在 Book 的祖先链上还存在第三个名为 print 的方法，不过 Bill 没告诉你它在哪儿。如果你感到好奇，就自己亲自去找找，别忘了可以向 irb 求助。

多么充实的一天呀！差不多该下班了。在结束工作之前，Bill 对今天所学内容做了一个完整的总结。

2.6 对象模型小结 Wrap-Up

下面是今天所学内容的清单：

- 对象由一组实例变量和类的引用组成。
- 对象的方法存在于对象所属的类中（对类来说是实例方法）。
- 类本身是 Class 类的对象。类的名字只是一个常量。
- Class 类是 Module 的子类。一个模块基本上就是由一组方法组成的包。类除了具有模块的特性之外，还可以被实例化（使用 `new` 方法），或者按一定的层次结构来组织（使用 `superclass` 方法）。
- 常量像文件系统一样，是按照树形结构组织的。其中，模块和类的名字扮演目录的角色，其他普通的常量则扮演文件的角色。
- 每个类都有一个祖先链，这个链从每个类自己开始，向上直到 `BasicObject` 类结束。
- 调用方法时，Ruby 首先向右找到接收者所属的类，然后向上查找祖先链，直到找到该方法或到达链的顶端为止。

- 在类中包含一个模块（使用 `include` 方法）时，这个模块会被插入祖先链中，位置就在类的正上方；而使用 `prepend` 方法包含一个模块时，这个模块也会被插入祖先链中，位置在类的正下方。
- 调用一个方法时，接收者会扮演 `self` 的角色。
- 定义一个模块（或类）时，该模块会扮演 `self` 的角色。
- 实例变量永远被认定为 `self` 的实例变量。
- 任何没有明确指定接收者的方法调用，都当做是调用 self 的方法。
- 细化就像在原来的类上添加了一块补丁，而且它会覆盖正常的方法查找。此外，细化只在程序的部分区域生效：从 `using` 语句的位置开始，直到模块结束，或者直到文件结束。

第3章 星期二：方法

Tuesday: Methods

昨天学习了 Ruby 的对象模型，知道了 Ruby 类的许多秘密。今天我们把所有的注意力放到方法上。

如你所知，代码中的对象之间总是在不停地交谈。有些语言（如 Java）的编译器会控制这些交谈。对每一次方法调用，编译器都会检查接收对象是否有一个匹配的方法，这称之为静态类型检查（static type checking），这些语言被称为静态语言（static language）。因此，假如在 `Lawyer` 对象上调用了 `talk_simple` 方法，而 `Lawyer` 类中没有这个方法，那么编译器就会发出警告。

动态语言（比如 Ruby 和 Python），则没有这样一个像警察一样的编译器。因此，你可以在 `Lawyer` 对象上调用 `talk_simple` 方法，系统不会发出任何警告，直到这个调用真正被执行才会报错。这时 `Lawyer` 类才会抱怨说自己根本没有这个方法，所以无法响应调用。

诚然，静态类型检查有它的好处：在代码运行前编译器就能发现其中的一些错误。不过，这样做的代价很高。静态语言强迫你写很多无趣和重复的代码，即所谓的契约方法（boilerplate method），而这样做只是为了让编译器开心。（如果你是 Java 程序员，想想你一生中写了多少 `get` 和 `set` 方法，还有数不清的没啥实际内容的、只是代理其他对象中某个方法的方法。）

在 Ruby 中，契约方法不再是问题，这是因为 Ruby 使用了一些静态语言难以实现甚至不可能实现的技巧。这就是本章要学习的内容。

3.1 代码繁复的问题
A Duplication Problem

你将解决代码繁复的问题。

今天，老板要你们修改采购部的一个程序。为了不让开发人员乱花公司的钱，老板要求系统自动为超过 99 美金的开销添加标记。

此前，已经有开发人员启动了这个项目，他们编写的代码可以生成一张报表，列出公司中每台计算机的每个部件以及它们的价格。不过，他们还没有导入过真实的数据，你和 Bill 就要从这里接手项目。

3.1.1 老系统
The Legacy System

你们俩一开始就遇到了难题：这个程序要加载的数据存储在一个老系统中，相关的类名为 `DS`（代表数据源），它那蹩脚的代码如下：

methods/computer/data_source.rb

```
class DS
  def initialize # 连接数据源
  def get_cpu_info(workstation_id) # ...
  def get_cpu_price(workstation_id) # ...
  def get_mouse_info(workstation_id) # ...
  def get_mouse_price(workstation_id) # ...
  def get_keyboard_info(workstation_id) # ...
  def get_keyboard_price(workstation_id) # ...
  def get_display_info(workstation_id) # ...
  def get_display_price(workstation_id) # ...
  # ...
```

当创建一个新的 `DS` 对象时，`DS#initialize` 方法会连接数据系统。其他方法（有几十个）通过工作站标识符来获得计算机部件的描述及价格。Bill 站在旁边给你打气，你在 irb 上快速试了试这个类：

```
ds = DS.new
ds.get_cpu_info(42) # => "2.9 Ghz quad-core"
ds.get_cpu_price(42) # => 120
ds.get_mouse_info(42) # => "Wireless Touch"
ds.get_mouse_price(42) # => 60
```

看起来 42 号工作站配了一个 2.9GHz 主频的 CPU 和一个价值 60 美金的奢侈鼠标。可以开始工作了。

3.1.2 再一再二，不能再三再四
Double, Treble… Trouble

你们要把 DS 封装到一个适合报表系统的对象中。这意味着每一个 Computer 都必须是一个对象，这个对象针对每个部件有一个独立的方法，该方法返回一个字符串用于描述部件的价格。还记得采购部门的那个价格标准么？按照那个要求，对每个大于或等于 100 美金的部件，这个返回字符串必须以一个星号打头，以便大家查看。

先从编写 Computer 类的前三个方法开始：

methods/computer/duplicated.rb

```ruby
class Computer
  def initialize(computer_id, data_source)
    @id = computer_id
    @data_source = data_source
  end

  def mouse
    info = @data_source.get_mouse_info(@id)
    price = @data_source.get_mouse_price(@id)
    result = "Mouse: #{info} ($#{price})"
    return "* #{result}" if price >= 100
    result
  end

  def cpu
    info = @data_source.get_cpu_info(@id)
    price = @data_source.get_cpu_price(@id)
    result = "Cpu: #{info} ($#{price})"
    return "* #{result}" if price >= 100
    result
  end

  def keyboard
    info = @data_source.get_keyboard_info(@id)
    price = @data_source.get_keyboard_price(@id)
    result = "Keyboard: #{info} ($#{price})"
    return "* #{result}" if price >= 100
    result
  end

  # ...
end
```

写到这里，你发现自己陷入了不断拷贝、粘贴代码的泥潭。你还有一大堆方法要写，而且每个方法都要写单元测试，否则这些代码很容易出错。

“我想到两种办法来解决代码繁复的问题”，Bill 说道。“第一种是使用叫动

态方法的法术，第二种是使用叫 method_missing 的方法。你可以都试一下，看看哪一种方案更好”。你决定先尝试动态方法，然后再尝试 method_missing 方法。

3.2 动态方法
Dynamic Methods

你将学习动态地调用和定义方法，消除繁复的代码。

Bill 说：“我最早学的是 C++。那时老师告诉我，调用一个方法实际上是给一个对象发送一条消息。过了好久我才理解这种说法。如果那时我学的是 Ruby，理解这种说法应该会容易很多。”

3.2.1 动态调用方法
Calling Methods Dynamically

调用方法时，通常会用到点标识符（.）。

methods/dynamic_call.rb

```
class MyClass
  def my_method(my_arg)
    my_arg * 2
  end
end

obj = MyClass.new
obj.my_method(3)         # => 6
```

也可以使用 Object#send 方法代替点标识符来调用 MyClass#my_method 方法：

```
obj.send(:my_method, 3)         # => 6
```

上面的代码仍然调用了 my_method 方法，但这次是通过 send 方法实现的。send 方法的第一个参数是你要发送给对象的消息，也就是方法的名字。在这里，方法名既可以使用字符串，也可以使用符号（参见第 49 页）。剩下的参数和代码块会直接传递给调用的方法。

为什么要用 send 方法，而不用原先的点标识符呢？这是因为在 send 方法里，你想调用的方法名变成了参数，这样就可以在代码运行的最后一刻决定调用哪个方法。这个技巧称为**动态派发**（Dynamic Dispatch），它非常有用。让我们看几个真实的例子。

动态派发

方法名和符号

初学 Ruby 的人有时会对 Ruby 中的符号感到困惑。在 Ruby 中，符号和字符串没有关系，它们属于完全不同的类：

```
:x.class          # => Symbol
"x".class         # => String
```

尽管如此，符号和字符串的相似性还是足以迷惑 Ruby 初学者。到底为什么需要符号呢？为什么不能只使用字符串呢？

在大多数情况下，符号用于表示事物的名字——尤其是跟元编程相关的名字，比如方法名。符号是不可修改的，你可以修改字符串，但是不能修改符号。因此，符号特别适合表示方法名。谁都不希望方法名被修改吧？

例如，调用 `Object#send` 方法时，需要把方法名作为第一个参数。尽管 `send` 方法既接受符号的方法名，也接受字符串的方法名，但通常大家都会使用符号作为方法名：

```
# 通常不用 1.send("+", 2)
1.send(:+, 2)     # => 3
```

不管怎样，符号和字符串是很容易相互转换的：

```
"abc".to_sym        # => :abc
:abc.to_s           # => "abc"
```

Pry 的例子

Pry 中就用到了动态派发。Pry 与 irb 一样，也是 Ruby 的命令行解释器，它在 Ruby 程序员中很受欢迎。Pry 的对象用自己的属性来保存解释器的配置信息，如 `memory_size`（内存大小）和 `quiet`（静默）：

methods/pry_example.rb

```
require "pry"

pry = Pry.new
pry.memory_size = 101
pry.memory_size          # => 101
pry.quiet = true
```

对每一个像 Pry#memory_size 这样的实例方法，都有一个相应的类方法（Pry.memory_size）返回该属性的默认值：

```
Pry.memory_size          # => 100
```

让我们仔细看看 Pry 的源代码。如果要配置 Pry 实例，可以调用 Pry#refresh 方法。这个方法的参数是一张哈希表，其中的值用来更新相应的属性：

```
pry.refresh(:memory_size => 99, :quiet => false)
pry.memory_size          # => 99
pry.quiet                # => false
```

Pry#refresh 要干的活可不少：遍历每个属性（如 self.memory_size）；将该属性初始化为默认值；检查传入的参数中是否为该属性设置了新的值，如果设置了新值，则更新该属性。这些功能可以用如下方式实现：

```
def refresh(options={})
  defaults[:memory_size] = Pry.memory_size
  self.memory_size = options[:memory_size] if options[:memory_size]

  defaults[:quiet] = Pry.quiet
  self.quiet = options[:quiet] if options[:quiet]
  # 对其他属性进行同样的操作...
end
```

上面两行代码*将对每个属性重复一次，因此显得繁复。实际的 Pry#refresh 代码使用**动态派发**（48）避免了这个问题，它只用了短短几行代码就完成了所有的配置工作：

gems/pry-0.9.12.2/lib/pry/pry_instance.rb

```
def refresh(options={})
  defaults = {}
  attributes = [ :input, :output, :commands, :print, :quiet,
                 :exception_handler, :hooks, :custom_completions,
                 :prompt, :memory_size, :extra_sticky_locals ]

  attributes.each do |attribute|
    defaults[attribute] = Pry.send attribute
  end
  # ...
  defaults.merge!(options).each do |key, value|
    send("#{key}=", value) if respond_to?("#{key}=")
  end

  true
end
```

* 译注：设置默认值并视情况修改的那两行。

这段代码用 send 方法把每个属性的默认值放入一张哈希表中，然后把这张哈希表和传入参数的 options 哈希表合并。最后使用 send 方法调用每个属性的写方法（如 memory_size=）。Kernel#respond_to?方法检测诸如 Pry#memory_size=这样的方法是否存在，如果存在则返回 true。这样，如果参数 options 哈希表中设置了当前属性中不存在的属性，这些属性就会被忽略。漂亮吧？

私有性问题

还记得蜘蛛侠的叔叔说过的话么？“能力越大，责任越大”。Object#send 方法功能非常强大，也许过于强大了。你可以用 send 调用任何方法，包括私有方法。

如果你不喜欢这种破坏封装的行为，那么可以使用 public_send 方法。这个方法与 send 方法相似，但是它会尊重接收者的隐私权。不过，你得做好思想准备，在 Ruby 的世界中隐私权问题很少得到尊重。实际上，不少 Ruby 程序员使用 send 方法的目的就是调用私有方法。

我们已经学习了 send 方法和动态派发。不过动态方法的作用远不止这些。它不仅可以动态调用方法，甚至还可以动态定义方法。让我们继续学习吧。

3.2.2 动态定义方法

Defining Methods Dynamically

你可以用 Module#define_method()方法随时定义一个方法，只需要提供一个方法名和充当方法主体的块：

methods/dynamic_definition.rb

```
class MyClass
  define_method :my_method do |my_arg|
    my_arg * 3
  end
end

obj = MyClass.new
obj.my_method(2)          # => 6

require_relative '../test/assertions'
assert_equals 6, obj.my_method(2)
```

define_method 方法在 MyClass 内部执行，因此 my_method 定义为 MyClass 的实例方法。这种在运行时定义方法的技术称为**动态方法**（Dynamic Method）。

动态方法

用 Module#define_method 方法代替 def 关键字定义方法的一个重要原因是：

define_method 方法允许在运行时决定方法的名字。为了举例说明，让我们回头看看本章开头提出的重构问题。

3.2.3 重构 Computer 类

Refactoring the Computer Class

这就是引发你和 Bill 讨论动态方法的那段代码：

methods/computer/duplicated.rb

```
class Computer
  def initialize(computer_id, data_source)
    @id = computer_id
    @data_source = data_source
  end

  def mouse
    info = @data_source.get_mouse_info(@id)
    price = @data_source.get_mouse_price(@id)
    result = "Mouse: #{info} ($#{price})"
    return "* #{result}" if price >= 100
    result
  end

  def cpu
    info = @data_source.get_cpu_info(@id)
    price = @data_source.get_cpu_price(@id)
    result = "Cpu: #{info} ($#{price})"
    return "* #{result}" if price >= 100
    result
  end

  def keyboard
    info = @data_source.get_keyboard_info(@id)
    price = @data_source.get_keyboard_price(@id)
    result = "Keyboard: #{info} ($#{price})"
    return "* #{result}" if price >= 100
    result
  end

  # ...
end
```

你已经学习了使用 Module#define_method 方法来替代 def 关键字定义方法，以及使用 send 方法替代点标识符（.）调用方法。现在可以用这些技巧着手重构 Computer 类了。

第一步：添加动态派发

首先，你和 Bill 把繁复的代码抽取出来，放到该类的一个方法中：

methods/computer/dynamic_dispatch.rb

```
class Computer
  def initialize(computer_id, data_source)
    @id = computer_id
    @data_source = data_source
  end

  def mouse
    component :mouse
  end

  def cpu
    component :cpu
  end

  def keyboard
    component :keyboard
  end

  def component(name)
    info = @data_source.send "get_#{name}_info", @id
    price = @data_source.send "get_#{name}_price", @id
    result = "#{name.capitalize}: #{info} ($#{price})"
    return "* #{result}" if price >= 100
    result
  end
end
```

然后，mouse 方法的调用被代理到 component 方法上，这个方法接着会调用 DS#get_mouse_info 和 DS#get_mouse_price 方法。在返回的字符串中，部件的名字进行了首字母大写转换。你打开 irb 会话来对这个新的 Computer 类做了冒烟测试（smoke-test）：

```
my_computer = Computer.new(42, DS.new)
my_computer.cpu          # => * Cpu: 2.16 Ghz ($220)
```

这个新版的 Computer 类已经前进了一大步，因为它大大减少了繁复的代码。但是，你仍然要编写很多相似的代码，为了避免编写这些方法，应该使用 define_method 方法。

第二步：动态创建方法

你和 Bill 用 define_method 方法再次重构 Computer 类：

methods/computer/dynamic_methods.rb

```
class Computer
  def initialize(computer_id, data_source)
    @id = computer_id
    @data_source = data_source
  end

> def self.define_component(name)
>   define_method(name) do
>     info = @data_source.send "get_#{name}_info", @id
>     price = @data_source.send "get_#{name}_price", @id
>     result = "#{name.capitalize}: #{info} ($#{price})"
>     return "* #{result}" if price >= 100
>     result
>   end
> end

> define_component :mouse
> define_component :cpu
> define_component :keyboard
end
```

注意那三个对 `define_component` 方法的调用执行于 `Computer` 的类定义域中，`Computer` 类是当前的 `self`。因为你是在 `Computer` 类上调用 `define_component` 方法，因此它必然是一个类方法。

你用 irb 测试了这个瘦身后的 `Computer` 类，发现它可以正常工作。这真是太棒了！

第三步：用内省（Introspection）方式缩减代码

最新版的 `Computer` 类已经没有多少重复代码了，但你还可以进一步缩减代码。怎么做呢？可以通过内省 `data_source` 参数来提取所有组件的名字，去掉所有使用 `define_component` 定义的方法。

methods/computer/more_dynamic_methods.rb

```
class Computer
  def initialize(computer_id, data_source)
    @id = computer_id
    @data_source = data_source
>   data_source.methods.grep(/^get_(.*)_info$/)
    { Computer.define_component $1 }
  end

  def self.define_component(name)
    define_method(name) do
      # ...
    end
  end
end
```

在 initialize 方法中新加的一行代码产生了奇迹。请听 Bill 解释。

首先，如果给 String#grep 方法传递一个块（block），那么对每个满足正则表达式的元素，这个块都会被执行。其次，那些匹配括号中正则表达式的字符串会被存放在全局变量$1 里。因此，如果 data_source 中有名为 get_cpu_info 和 get_mouse_info 的方法，那么这段代码会调用 Computer.define_component 方法两次，分别使用 cpu 和 mouse 字符串作为作为参数。注意 define_component 方法既接受字符串作为参数，也接受符号作为参数。

代码繁复的问题终于解决了，而且以后你不用自己创建部件。如果有人在 DS 类中添加了一个新部件，Computer 类就会自动支持它。真是棒极了！

让我们再试一次！

重构工作干得很好，不过 Bill 却不想就此罢休。“还记得么？我们说过要用两种方案来解决这个问题。”现在已经完成了一种方案，用到的法术是**动态派发**（48）和**动态方法**（51）。

第二种方案会用到一些诡异的法术，以及一个特殊的名为 method_missing 的方法。

3.3 method_missing 方法

method_missing

你将学习幽灵方法和动态代理，用第二种方案来解决代码繁复的问题。

在 Ruby 中，编译器并不检查方法调用的行为，这意味着你可以调用一个并不存在的方法。例如：

methods/method_missing.rb

```
class Lawyer; end
nick = Lawyer.new
nick.talk_simple
```

```
< NoMethodError: undefined method `talk_simple' for #<Lawyer:0x007f801aa81938>
```

还记得方法查找是怎样工作的么？调用 talk_simple 方法时，Ruby 会到 nick 对象的类中查询它的实例方法。如果在那里找不到 talk_simple 方法，Ruby 会沿着祖先链向上查找，最终来到 BasicObject 类。

由于 Ruby 在哪里都没找到 talk_simple 方法，它只好承认自己的失败，并在 nick 对象上调用一个名为 method_missing 的方法。method_missing 方法是

BasicObject 的一个私有实例方法，而所有的对象都继承自 BasicObject 类，所以它对所有的对象都可用。

你可以调用 method_missing 方法试试，尽管这是一个私有方法，但是可以通过 send 方法来调用：

```
nick.send :method_missing, :my_method

< NoMethodError: undefined method `my_method' for #<Lawyer:0x007f801b0f4978>
```

你刚刚做了 Ruby 解释器所做的工作。你告诉这个对象，“我试着调用你的一个名为 my_method 的方法，但是你不明白我想干什么。”BasicObject#method_missing 方法会抛出一个 NoMethodError 进行响应，这是它全部的工作。它就像是一个无主信件的集中处，所有无法投递的消息最后都会来到这里。

3.3.1 覆写 method_missing 方法

Overriding method_missing

实际上，你几乎不需要自己调用 method_missing 方法。不过，你可以覆写它来截获无主的消息。每条来到 method_missing 办公桌上的消息都带着被调用方法的名字，以及所有调用时传递的参数和块。

methods/more_method_missing.rb

```ruby
class Lawyer
  def method_missing(method, *args)
    puts "You called: #{method}(#{args.join(', ')})"
    puts "(You also passed it a block)" if block_given?
  end
end

bob = Lawyer.new
bob.talk_simple('a', 'b') do
  # a block
end

< You called: talk_simple(a, b)
  (You also passed it a block)
```

覆写 method_missing 方法可以让你调用实际上并不存在的方法。

3.3.2 幽灵方法

Ghost Methods

如果要定义很多相似的方法，那么可以通过响应 method_missing 方法来避免手工定义这些方法。这就像告诉这个对象：“如果别人问你一些不理解的东西，就照这样做”。

被 method_missing 方法处理的消息，从调用者角度来看，跟普通方法没什么区别，而实际上接收者并没有对应的方法，这称为**幽灵方法**（Ghost Method）。我们来看一个使用幽灵方法的例子。

幽灵方法

Hashie 的例子

Hashie 库中有一个神奇的类 Hashie::Mash。Mash 有点像增强版的 OpenStruct 类，它是一个类似哈希表的对象，它的属性看起来就像是普通的 Ruby 变量。如果想添加一个新的属性，只要给这个属性赋一个值即可：

```
require 'hashie'

icecream = Hashie::Mash.new
icecream.flavor = "strawberry"
icecream.flavor         # => "strawberry"
```

这段代码的工作原理是：Hashie::Mash 是 Ruby Hash 类的子类，并且它的属性是幽灵方法。为了确认，请看看 Hashie::Mash.method_missing 方法：

gems/hashie-1.2.0/lib/hashie/mash.rb

```
module Hashie
  class Mash < Hashie::Hash
    def method_missing(method_name, *args, &blk)
      return self.[](method_name, &blk) if key?(method_name)
      match = method_name.to_s.match(/(.*?)([?=!]?)$/)
      case match[2]
      when "="
        self[match[1]] = args.first
        # ...
      else
        default(method_name, *args, &blk)
      end
    end

    # ...
  end
end
```

如果被调用方法的名字存在于哈希表的主键中（比如 flavor），那么 Hashie::Mash#method_missing 方法要做的只是调用 [] 方法来返回相应的值。如果方法名以 = 结尾，method_missing 方法会砍掉末尾的 = ，把余下的部分作为属性名，然后用哈希表相应的键值对存储该属性的值。如果调用的方法名不符合上述任何一个条件，则 method_missing 会返回一个默认值。（实际上，Hashie::Mash 类还会处理一些其他的特殊情况，比如处理以 ? 结尾的方法名，不过上面的代码没有涉及这些内容。）

3.3.3 动态代理

Dynamic Proxies

通常，幽灵方法发挥的都是锦上添花的作用，不过也有些对象的功能几乎完全依赖于它。这些对象通常是一些封装对象，它们封装的可以是另一个对象、web 服务或者是用其他语言写的代码。这些对象通过method_missing方法收集方法调用，并把这些调用转发到被封装的对象上。让我们看一个真实的例子。

Ghee 的例子

GitHub[1]这是一个非常流行的社交编程服务。有很多库可以让你使用 GitHub 的 HTTP API，Ruby 的 Ghee 库就是其中之一。下面是一个例子，用来获取某个用户的 gist （可以发布到 GitHub 上的代码片段）：

methods/ghee_example.rb

```
require "ghee"

gh = Ghee.basic_auth("usr", "pwd")          # 你的GitHub用户名和密码
all_gists = gh.users("nusco").gists
a_gist = all_gists[20]

a_gist.url            # => "https://api.github.com/gists/535077"
a_gist.description    # => "Spell: Dynamic Proxy"

a_gist.star
```

上面的代码首先连接 GitHub，查找用户 nusco；然后获取该用户的 gist 列表；接着选定某个特定的 gist 并读取它的 url 和 description；最后，给这段 gist 打上标记（star），这样以后对该 gist 的修改都会通知该用户。

除了 gist 之外，GitHub API 还有数十种对象可供外部访问。Ghee 可以访问所有这些对象。由于巧妙地运用了**幽灵方法**（57），Ghee 的代码出乎意料的简练。绝大多数魔法发生在 Ghee::ResourceProxy 类中：

gems/ghee-0.9.8/lib/ghee/resource_proxy.rb

```
class Ghee
  class ResourceProxy
    # ...

    def method_missing(message, *args, &block)
      subject.send(message, *args, &block)
    end
```

1 http://www.github.co

```
    def subject
      @subject ||= connection.get(path_prefix){|req| req.params.merge!params }.body
    end
  end
end
```

在深入理解上面的代码之前，让我们首先看看 Ghee 是怎样使用它的。对于每一种 GitHub 对象（比如 gist 和 user），Ghee 为它定义了一个 `Ghee::ResourceProxy` 子类。下面的代码为 gist 创建了类（为 user 创建类也非常相似）：

gems/ghee-0.9.8/lib/ghee/api/gists.rb

```
class Ghee
  module API
    module Gists
      class Proxy < ::Ghee::ResourceProxy
        def star
          connection.put("#{path_prefix}/star").status == 204
        end

        # ...

    end
  end
end
```

调用一个方法来改变一个对象的状态时（比如 `Ghee::API::Gists#star`），Ghee 会产生一个 HTTP 调用来访问相应的 GitHub URL。然而，如果调用的方法只是读取一个属性的值（比如 `url` 或者 `description`），那么这个调用最终会被转发给 `Ghee::ResourceProxy#method_missing` 方法。然后，`method_missing` 方法会把调用转发给 `Ghee::ResourceProxy#subject` 方法返回的对象。这究竟是个什么对象呢？

查看 `ResourceProxy#subject` 方法的实现，你会发现该方法也产生了一个对 GitHub API 的 HTTP 调用。具体的调用依赖于实现的 `Ghee::ResourceProxy` 子类。例如，`Ghee::API::Gists::Proxy` 会调用 https://api.github.com/users/nusco/gists。`ResourceProxy#subject` 方法从 GitHub 接收 JSON 格式的对象（在上面的例子里，接收的是用户 `nusco` 的所有 gist 列表），然后把它们转换成像哈希表类型的对象。

深入查看，你会发现这个像哈希表类型的对象其实正是刚刚介绍过的 `Hashie::Mash` 对象（参见第 57 页）。这意味着像 `my_gist.url` 这样的方法调用会被首先转发给 `Ghee::ResourceProxy#method_missing` 方法，然后再从这里转发给 `Hashie::Mash#method_missing` 方法，最终返回 `url` 属性的值。没错！连续调用了两次 `method_missing` 方法。

Ghee 的设计是优雅的，不过它用了这么多元编程技巧，你可能很难一下子消化。我们总结一下，主要有两点：

- Ghee 用动态哈希表存储 GitHub 的对象。可以通过调用类似 `url` 和 `description` 的**幽灵方法**（57）来访问这些属性。
- Ghee 把这些哈希对象封装在一个代理（`proxy`）对象中，这样可以使用更多的方法。代理有两项工作：首先，用于实现一些无法复用代码的方法，比如 `star`。其次，把那些只读取数据的方法，比如 `url`，转发给封装的哈希对象。

得益于这种双层设计，Ghee 的代码非常简洁紧凑。它无需定义那些只读取数据的方法，因为这些方法通过幽灵方法自动实现了。实际上，只需要定义那些需要特殊逻辑的方法，比如 `star` 方法。

这种动态方式还有另外一个好处：Ghee 可以自动适应某些 GitHub API 的变化。假设 GitHub 为 gist 添加了一个新方法（比如 `lines_count`），Ghee 可以自动支持 `Ghee::API::Gists#lines_count` 方法而无须修改任何代码。这是因为 `lines_count` 是一个幽灵方法（实际上是两个幽灵方法串在一起）。

动态代理

像 `Ghee::ResourceProxy` 方法这样的对象，可以捕获幽灵方法并把它们转发给另外一个对象，称为**动态代理**（Dynamic Proxy）。

3.3.4 再次重构 Computer 类

Refactoring the Computer Class Again

学习了 `method_missing` 方法，我们回到 `Computer` 类，再次进行重构。

methods/computer/duplicated.rb

```ruby
class Computer
  def initialize(computer_id, data_source)
    @id = computer_id
    @data_source = data_source
  end

  def mouse
    info = @data_source.get_mouse_info(@id)
    price = @data_source.get_mouse_price(@id)
    result = "Mouse: #{info} ($#{price})"
    return "* #{result}" if price >= 100
    result
  end

  def cpu
```

```
    info = @data_source.get_cpu_info(@id)
    price = @data_source.get_cpu_price(@id)
    result = "Cpu: #{info} ($#{price})"
    return "* #{result}" if price >= 100
    result
  end

  def keyboard
    info = @data_source.get_keyboard_info(@id)
    price = @data_source.get_keyboard_price(@id)
    result = "Keyboard: #{info} ($#{price})"
    return "* #{result}" if price >= 100
    result
  end

  # ...
end
```

Computer 类实际上只是一个包装器对象，它收集方法调用，将它们稍加变化，然后转发给数据源。为了去除多余的代码，可以把 Computer 类转换成一个动态代理。只需一个 method_missing 方法便可去掉 Computer 类中繁复的代码。

methods/computer/method_missing.rb

```
class Computer
  def initialize(computer_id, data_source)
    @id = computer_id
    @data_source = data_source
  end

>  def method_missing(name)
>    super if !@data_source.respond_to?("get_#{name}_info")
>    info = @data_source.send("get_#{name}_info", @id)
>    price = @data_source.send("get_#{name}_price", @id)
>    result = "#{name.capitalize}: #{info} ($#{price})"
>    return "* #{result}" if price >= 100
>    result
>  end
end
```

调用像 Computer#mouse 这样的方法时，究竟会发生什么呢？这个调用会被传递给 method_missing 方法，在那里它会检测被封装的对象是否存在 get_mouse_info 方法。如果不存在，则这个调用会被转发回 BasicObject#method_missing 方法，并抛出一个 NoMethodError 错误。如果数据源知道有这个部件，那么最初的调用会被转换为两个方法调用：DS#get_mouse_info 方法和 DS#get_mouse_price 方法。这两个方法返回的值用来构造出最终返回的结果。你在 irb 中试验了这个新类：

```
my_computer = Computer.new(42, DS.new)
my_computer.cpu         # => * Cpu: 2.9 Ghz quad-core ($120)
```

代码工作正常，不过 Bill 仍有一丝担心。

respond_to_missing?方法

如果问 Computer 对象是否响应幽灵方法，它会睁着眼睛说瞎话：

```
cmp = Computer.new(0, DS.new)
cmp.respond_to?(:mouse)          # => false
```

这很奇怪，因为 respond_to?方法是一个很常用的方法，而且 Computer 类本身在数据源上就调用了 respond_to?方法。好在 Ruby 提供了一种简洁的方法来让 respond_to?方法感知幽灵方法。

在 respond_to?方法中，如果该方法是一个幽灵方法，当它调用 respond_to_missing?时，会返回 true 值。（你可以在心里把 respond_to_missing?方法改名为 ghost_method? 方法。）为了不让 respond_to?方法说谎，每次覆写 method_missing 方法时，都应该同时覆写 respond_to_missing?方法：

```
class Computer
  # ...

>  def respond_to_missing?(method, include_private = false)
>    @data_source.respond_to?("get_#{method}_info") || super
>  end
end
```

respond_to_missing?方法的代码与 method_missing 的类似：它首先查看一个方法是不是一个幽灵方法。若是，则返回 true；若不是，则调用 super。在本例中，super 就是默认的 Object#respond_to_missing?方法，它总是返回 false。

现在，respond_to?方法可以从 respond_to_missing?方法中得知哪些方法是幽灵方法，现在它能返回正确的结果了：

```
cmp.respond_to?(:mouse)          # => true
```

以往 Ruby 程序员习惯直接覆写 respond_to?。现在有了 respond_to_missing?方法，直接覆写 respond_to?方法就显得不那么合适了。正确的做法是每次覆写 method_missing 时，同时也覆写 respond_to_missing?方法。

讲完 BasicObject#method_missing，再来看看 Module#const_missing 方法。

const_missing 方法

还记得 Rake 么（参见第 23 页）？我们曾提到，以往 Rake 把类似 Task 这样的名字重命名为不太容易冲突的名字，比如 `Rake::Task`。为了保持兼容，在后续的几个 Rake 版本中，既可以使用新名字，也可以使用那些没有命名空间的老名字。Rake 的这个功能是通过对 `const_missing` 方法打猴子补丁实现的：

gems/rake-0.9.2.2/lib/rake/ext/module.rb

```
class Module
  def const_missing(const_name)
    case const_name
    when :Task
      Rake.application.const_warning(const_name)
      Rake::Task
    when :FileTask
      Rake.application.const_warning(const_name)
      Rake::FileTask
    when :FileCreationTask
      # ...
    end
  end
end
```

当引用一个不存在的常量时，Ruby 会把这个常量名作为一个符号传递给 `const_missing` 方法。类名就是常量，因此一个未知 Rake 类的引用（如 `Task`）会被传递给 `Module#const_missing` 方法。接着，`const_missing` 方法会警告你使用了陈旧的（obsolete）类名：

methods/const_missing.rb

```
require 'rake'
task_class = Task

< WARNING: Deprecated reference to top-level constant 'Task' found [...]
          Use --classic-namespace on rake command
          or 'require "rake/classic_namespace"' in Rakefile
```

收到警告后，你会得到一个新的具有命名空间的类名，用于替换老的类名：

```
task_class          # => Rake::Task
```

关于法术，我们已经讨论得够多了，是时候做一个小结了。

对重构的小结

你们使用两种不同的方案解决了重构问题。在第一种方案中，`Computer` 类通过内省 `DS` 类获得一组方法，然后使用**动态方法**（51）和**动态派发**（48）对老系统进行代理。在第二种方案中，Computer类使用**幽灵方法**（57）达到了同样的目的。最后你们选择了基于method_missing的解决方案。把修改后的代码发给采购部的同事后，你俩一块享用了午餐。

3.4 小测验：消灭Bug
Quiz: Bug Hunt

你和Bill发现method_missing方法中的Bug很难消灭。

吃完午餐，Bill发给你一个小测验。他说："我原来的团队中有一条规矩，每天早晨每个成员随机抽取一个数字。数字最小的人要去星巴克给团队所有成员买咖啡"。

Bill的团队甚至还为此写了一个类，根据成员的姓名生成一个随机数。下面是这个类的代码：

methods/roulette_failure.rb

```
class Roulette
  def method_missing(name, *args)
    person = name.to_s.capitalize
    3.times do
      number = rand(10) + 1
      puts "#{number}..."
    end
    "#{person} got a #{number}"
  end
end
```

可以这样使用Roulette类：

```
number_of = Roulette.new
puts number_of.bob
puts number_of.frank
```

下面是代码执行时后的结果：

```
< 5...
  6...
  10...
  Bob got a 3
  7...
  4...
  3...
  Frank got a 10
```

Bill 接着说："这段代码显然有点设计过度。只要定义一个普通方法，接受人名作为参数就可以完成这个任务。不过我们发现了 `method_missing` 方法，所以用了**幽灵方法**（57）实现。不幸的是，这段代码无法按我们设计的思路工作。你能看出问题出在哪里么？可以试着在机器上运行这段代码。

3.4.1 小测验答案

Quiz Solution

`Roulette` 类有一个 Bug，会导致无限循环，在打印一组很长的数字时会崩溃。

```
< 2...
  7...
  1...
  5...
  roulette_failure.rb:7:in 'method_missing': stack level too deep (SystemStackError)
```

这个 Bug 很难发现。变量 `number` 定义于代码块中（传给 `times` 方法的那个代码块），在 `method_missing` 方法的最后一行，已经超出了它的作用域范围。当 Ruby 执行到这一行时，它不知道此处的 `number` 应该是一个变量。在默认情况下，它把 `number` 当成是一个在 `self` 上省略了括号的方法调用。

正常情况下，你会看到一个 `NoMethodError` 错误，所以很容易发现问题。但在这里，你重新定义了自己的 `method_missing` 方法，并且对 `number` 方法的调用最终会来到这里。因此，同样的事件会一次又一次地发生，直到调用堆栈溢出为止。

这是一个使用幽灵方法时经常会遇到的问题：由于调用未定义的方法会导致调用 `method_missing` 方法，所以对象可能会接受错误的方法调用*。在大型程序中要找到这样一个错误会相当痛苦。

为了避免这样的麻烦，应该只在必要时才使用幽灵方法。例如，`Roulette` 最好只接受 Frank 的团队成员的名字。另外，碰到不知道如何处理的方法时，记得回到 `BasicObject#method_missing` 方法。下面是改良后的 `Roulette`：

methods/roulette_solution.rb

```
class Roulette
  def method_missing(name, *args)
    person = name.to_s.capitalize
>   super unless %w[Bob Frank Bill].include? person
>   number = 0
```

* 译注：比如写错了方法名。

```
    3.times do
      number = rand(10) + 1
      puts "#{number}..."
    end
    "#{person} got a #{number}"
  end
end
```

你可以用迭代的方式开发这个程序。首先用普通方法来实现功能，等你觉得代码没有问题后，再把这些方法重构到 `method_missing` 方法中。这样就可以避免幽灵方法中藏有 Bug。

3.5 白板类
Blank Slates

你和 Bill 将学习如何避免陷入另外一种常见的 `method_missing` 陷阱。

午餐后，开发报表应用的程序员自称遇到了一个诡异的 Bug：`Computer` 类不能获得工作站显示器的信息。除了 `Computer#display` 方法，其他的方法都正常。你在 irb 中测试了 `display` 方法，它真的失败了：

```
my_computer = Computer.new(42, DS.new)
my_computer.display           # => nil
```

为什么 `Computer#display` 方法会返回 `nil`？你仔细检查了代码和后端数据源，没有发现问题。Bill 提示你，列出 `Object` 中所有以 d 开头的实例方法：

```
Object.instance_methods.grep /^d/    # => [:dup, :display, :define_singleton_method]
```

原来 `Object` 已经定义了一个名为 `display` 的方法（它在端口上打印对象，并返回 `nil`）。`Computer` 类继承自 `Object` 类，因此也继承了 `display` 方法。调用 `Computer#display` 方法会找到一个真正的方法，所以不会用到 `method_missing` 方法。你调用了一个真实存在的方法，而非**幽灵方法**（57）。

这个问题是**动态代理**（60）法术的通病，如果幽灵方法和真实方法发生名字冲突，幽灵方法就会被忽略。

如果不需要那个继承来的方法（真实方法），就可以通过删除它来解决问题。为了安全起见，你想删除代理类中大多数继承来的方法。这种拥有极少方法的类称为**白板类**（Blank Slate），它所拥有的方法比 `Object` 类还要少。实际上，Ruby 已经为你准备了一个白板类。

白板类

3.5.1 BasicObject

Ruby 类结构的根类 `BasicObject` 只有很少的几个实例方法：

methods/basic_object.rb

```
im = BasicObject.instance_methods
im    # => [:==, :equal?, :!, :!=, :instance_eval, :instance_exec, :__send__, :__id__]
```

如果不特别指定超类，创建的类默认继承自 `Object` 类，它是 `BasicObject` 的子类。如果你需要一个**白板类**（66 页），可以直接从 `BasicObject` 类继承。如果 `Computer` 类直接继承自 `BasicObject` 类，那么 `display` 方法的问题就不会出现了。

继承 `BasicObject` 类是最简单的定义白板类的方法。不过，在某些情况下，你可能还要删除某些方法。下面看看怎样从类中删除方法。

3.5.2 删除方法

Removing Methods

删除一个方法有两种途径：一种是用 `Module#undef_method` 方法，另一种是用 `Module#remove_method` 方法。`Module#undef_method` 方法比较蛮横，它会删除所有（包括继承而来的）方法；`Module#remove_method` 方法比较温柔，它只删除接收者自己的方法，而保留继承来的方法。下面来看一个实际的例子，它使用 `undef_method` 方法创建白板。

Builder 的例子

Builder 库是一个 XML 生成器。你可以通过调用 `Builder::XmlMarkup` 方法创建 XML 标签：

methods/builder_example_1.rb

```
require 'builder'
xml = Builder::XmlMarkup.new(:target=>STDOUT, :indent=>2)

xml.coder {
  xml.name 'Matsumoto', :nickname => 'Matz'
  xml.language 'Ruby'
}
```

这段代码产生如下 XML 片段：

```
<coder>
  <name nickname="Matz">Matsumoto</name>
  <language>Ruby</language>
</coder>
```

显然，Builder 通过 Ruby 的语法来支持嵌套标签、属性和其他 XML 特性。Builder 的做法是：像 `name` 和 `language` 这样的方法会被 `XmlMarkup#method_missing` 方法处理，每一个调用会产生一个 XML 标签。现在假设你要创建一段 XML 来描述大学课程，比如：

```
<semester>
  <class>Egyptology</class>
  <class>Ornithology</class>
</semester>
```

因此，你不得不写出这样的代码：

methods/builder_example_2.rb

```
xml.semester {
  xml.class 'Egyptology'
  xml.class 'Ornithology'
}
```

如果 `XmlMarkup` 继承自 `Object`，则调用 `class` 方法会和 `Object` 的 `class` 方法冲突。为了避免这样的冲突，Builder 中的 `XmlMarkup` 类继承自一个**白板类**（66），并删除了绝大多数像 `class` 这样继承自 `Object` 的方法。Builder 的作者编写库时，`BasicObject` 类还不存在（`BasicObject` 类是 Ruby 1.9 引入的）。因此 Builder 定义了自己的白板类：

gems/builder-3.2.2/lib/blankslate.rb

```
class BlankSlate
  # 在白板类中隐藏名为给定name的方法，但不隐藏instance_eval方法或任何以"__"打头的方法。
  def self.hide(name)
  # ...
    if instance_methods.include?(name._blankslate_as_name) &&
        name !~ /^(__|instance_eval$)/
      undef_method name
    end
  end
  # ...

  instance_methods.each { |m| hide(m) }
end
```

Builder 的 `BlankSlate` 类并没有删除所有方法，它保留了 `instance_eval` 方法（第 4 章会介绍这个方法）及所有的“保留方法”（这些方法是 Ruby 内部使用的，名字以两个下划线开头）。`BasicObject#__send__` 就是一个保留方法，它的行为与 `send` 方法一致，如果你试图删除它，就会得到警告。而是否删除 `instance_eval` 则完全是一个选择问题，你可以删除它，但 Builder 库决定保留它。学习了白板类后，是时候消灭 `Computer` 类中的 Bug 了。

3.5.3 修改 Computer 类

Fixing the Computer Class

为了消灭 display 方法的 Bug，应该把 Computer 类变成一个**白板类**（66）。你和 Bill 把它改成了 BasicObject 的子类：

```
class Computer < BasicObject
  # ...
```

还有一处可以改进的地方。BasicObject 没有 respond_to?方法（respond_to?方法定义在 BasicObject 的子类 Object 中）。由于没有 respond_to?方法，你和 Bill 在前面（参见第 62 页）添加的 respond_to_missing?也就没有意义了，应该将它删除。这下，你们终于实现了一个基于 method_missing 方法的 Computer 类。

3.6 小结

Wrap-Up

让我们回顾一下今天的工作。你和 Bill 使用两种不同的方案解决了 Computer 类代码繁复的问题（最初的类代码参见第 47 页）。

第一种方案运用了两个法术：**动态方法**（51）和**动态派发**（48）。

methods/computer/more_dynamic_methods.rb

```
class Computer
  def initialize(computer_id, data_source)
    @id = computer_id
    @data_source = data_source
    data_source.methods.grep(/^get_(.*)_info$/)
{ Computer.define_component $1 }
  end

  def self.define_component(name)
    define_method(name) do
      info = @data_source.send "get_#{name}_info", @id
      price = @data_source.send "get_#{name}_price", @id
      result = "#{name.capitalize}: #{info} ($#{price})"
      return "* #{result}" if price >= 100
      result
    end
  end

end
```

第二种方案使用了**幽灵方法**（57），更准确地说，它使用了**动态代理**（60）和**白板类**（66）：

methods/computer/blank_slate.rb

```
class Computer < BasicObject
  def initialize(computer_id, data_source)
    @id = computer_id
    @data_source = data_source
  end

  def method_missing(name, *args)
    super if !@data_source.respond_to?("get_#{name}_info")
    info = @data_source.send("get_#{name}_info", @id)
    price = @data_source.send("get_#{name}_price", @id)
    result = "#{name.capitalize}: #{info} ($#{price})"
    return "* #{result}" if price >= 100
    result
  end
end
```

如果没有 Ruby 的动态特性，无论哪一种方法都无法实现。熟悉静态语言的读者可能习惯在方法内部消除繁复性，而 Ruby 还可以消除方法之间的繁复性。本章介绍的法术就是用来消除这种繁复性的。

那么，你和 Bill 究竟更喜欢哪一种方案呢？

3.6.1 对比动态方法与幽灵方法
Dynamic Methods vs. Ghost Methods

正如我们刚刚看到的，使用**幽灵方法**（57）可能带来风险。虽然可以通过一些简单的规则来规避大多数风险（比如在 `method_missing` 中总是调用 `super` 方法；总是重新定义 `respond_to_missing?`方法），但是幽灵方法还是有可能带来令人困惑的 Bug。*

幽灵方法产生风险的根本原因是它们并非真正的方法。它们只是对方法调用的拦截。正因为如此，它们和真正方法有所不同。比如，它们不会出现在 `Object#methods` 方法返回的方法名列表中。相反，动态方法则是普通的方法，只不过它们不是用 `def` 定义的，而是用 `define_method` 定义的，它们的行为跟其他方法没有什么两样。

不过，有时你只能选择幽灵方法。这通常是因为有非常多的方法调用，而你不知道运行时会调用什么方法。例如，在 Builder 库的例子里（参见第 67 页），XML 标签的数目是无穷的，Builder 不可能为每一个标签产生一个动态方法，因此它只

---

* 译注：http://www.everytalk.tv/talks/1881-Madison-Ruby-The-Revenge-of-method-missing 上有一份总结 `method_missing` 方法危险性的报告。

能使用 `method_missing` 方法进行调用拦截。

所以我们的原则是：在可以使用动态方法的时候，尽量使用动态方法；除非必须使用幽灵方法，否则尽量不要使用它。

你和 Bill 决定遵守这一原则，因此你向代码库提交了基于 `define_method` 方法的 `Computer` 类。现在终于可以回家休息了。

第4章 星期三：代码块 Wednesday: Blocks

昨天学习了很多关于方法和方法调用的知识，今天将学习**代码块**（block）[*]。

你对代码块应该不陌生，但是你大概不知道块可以用来控制**作用域**（scope）。作用域是变量和方法可用性范围。本章学习利用块的这种特性开展 Ruby 元编程。

块只是“可调用对象”大家族中的一员，这个家族中还有像 `proc` 和 `lambda` 这样的对象。本章将学习怎样发挥这些对象的优势，例如保存代码块供以后使用。

在正式开始前，先做一个简短的说明：前面章节的内容跟普通的面向对象编程没有太大差别（都用到类、对象、方法等）。但是，代码块源自像 LISP 这样的**函数式编程语言**（functional programming language）。如果你一直从对象和方法的角度思考问题，那么本章的新概念将会让你大开眼界。

4.1 学习代码块 The Day of the Blocks

你将学习代码块的基础知识。

你刚到公司，Bill 就来到你的办公桌旁说：“今天的项目要用到代码块。开始工作之前，你要先了解块的玄妙之处。”经过商量，你们决定早上先学习代码块，下午再开始工作。

---

[*] 译注：有时也会译成块。

4.1.1 今天的路线图

Today's Roadmap

Bill 拿出一张纸，写下了他今天想教给你的知识：

- 代码块的基础知识。
- 作用域的基础知识；用代码块携带变量穿越作用域。
- 通过传递块给 `instance_eval` 方法来控制作用域。
- 怎样把块转换为诸如 `Proc` 和 `lambda` 这样的可调用对象，供以后调用。

首先从第一点开始，学习代码块的基础知识。如果你已经很熟悉 Ruby 的块了，可以跳过这一节。

4.1.2 代码块基础知识

The Basics of Blocks

还记得块是怎样工作的么？这里有一个小例子。

blocks/basics_failure.rb

```
def a_method(a, b)
  a + yield(a, b)
end

a_method(1, 2) {|x, y| (x + y) * 3 }          # => 10
```

代码块可以用大括号定义，也可以用 `do...end` 关键字定义。通常，只有一行的块用大括号，而多行的块用 `do...end`。

只有在调用一个方法时，才可以定义一个块。块会被直接传递给这个方法，该方法可以用 `yield` 关键字调用这个块。

块可以有自己的参数，比如上面例子中的 `x` 和 `y`。当回调块时，你可以像调用方法那样为块提供参数。另外，像方法一样，块的最后一行代码执行的结果会被作为返回值。

在一个方法里，你可以询问当前的方法调用是否包含块。这可以通过 `Kernel#block_given?`方法做到：

```
def a_method
  return yield if block_given?
  'no block'
end

a_method                          # => "no block"
a_method { "here's a block!" }  # => "here's a block!"
```

如果 `block_given?`方法返回 `false`，而你使用了 `yield` 关键字，就会得到一个运行时错误。现在可以把这些知识用到实践里了。

4.2 小测验：Ruby 的#符号

Quiz: Ruby#

你将用块做一些有用的东西。

Bill 告诉你一个小秘密：“几年前我用过 C#。我必须承认 C#有一些非常漂亮的特性。我给你展示一个。”

4.2.1 using 关键字

The using Keyword

假设你要写一个 C#程序，用它连接远程服务器。你用对象表示这个连接：

```
RemoteConnection conn = new RemoteConnection("my_server");
String stuff = conn.ReadStuff();
conn.Dispose();  // 关闭连接以避免内存泄露
```

这段代码在使用了连接后，会正确地释放连接。然而，它没有考虑异常情况。如果 `readStuff` 方法抛出一个异常，那么 `conn` 对象将永远不会得到释放。代码应该考虑如何处理异常，不管是否发生异常都要保证正确释放连接。C#提供了一个称为 `using` 的关键字，它能帮助你解决这个问题：

```
RemoteConnection conn = new RemoteConnection("some_remote_server");
using (conn)
{
    conn.ReadData();
    DoMoreStuff();
}
```

这个 `using` 关键字要求 `conn` 对象调用一个名为 `Dispose` 的方法。大括号中的代码执行完后，不管有没有异常抛出，这个方法都会被自动调用。

4.2.2 挑战

The Challenge

Bill 要求你写一个 Ruby 版本的 using，但要改名为 with（因为 using 已经是 Ruby 的关键字），并保证它通过下面这个用例的测试：

blocks/using_test.rb

```
require 'test/unit'
require_relative 'with'
class TestWith < Test::Unit::TestCase
  class Resource
    def dispose
      @disposed = true
    end

    def disposed?
      @disposed
    end
  end

  def test_disposes_of_resources
    r = Resource.new
    with(r) {}
    assert r.disposed?
  end

  def test_disposes_of_resources_in_case_of_exception
     r = Resource.new
    assert_raises(Exception) {
      with(r) {
        raise Exception
      }
    }
    assert r.disposed?
  end
end
```

4.2.3 小测验答案

Quiz Solution

这是小测验的答案：

blocks/with.rb

```
module Kernel
  def with(resource)
    begin
      yield
    ensure
      resource.dispose
    end
  end
end
```

尽管你不能定义新的关键字，但是可以通过**内核方法**（32）来伪造一个。`Kernel#with` 方法把要管理的资源作为参数，它接受并执行一个块。无论块中的代码是否正常执行完毕，`ensure` 语句都会调用资源的 `dispose` 方法来释放它。如果发生了异常，`Kernel#with` 方法还会把这个异常重新抛出给调用者。

掌握了代码块的基础知识，可以开始学习闭包了。

4.3 代码块是闭包
Blocks Are Closures

你将发现代码块不光是好看，它还可以把变量偷偷带出原来的作用域。

代码块不是浮在空中的，它不可能孤立地运行。运行代码需要一个执行环境：局部变量、实例变量、`self` 等（见 Bill 在纸上画的图 4-1）。

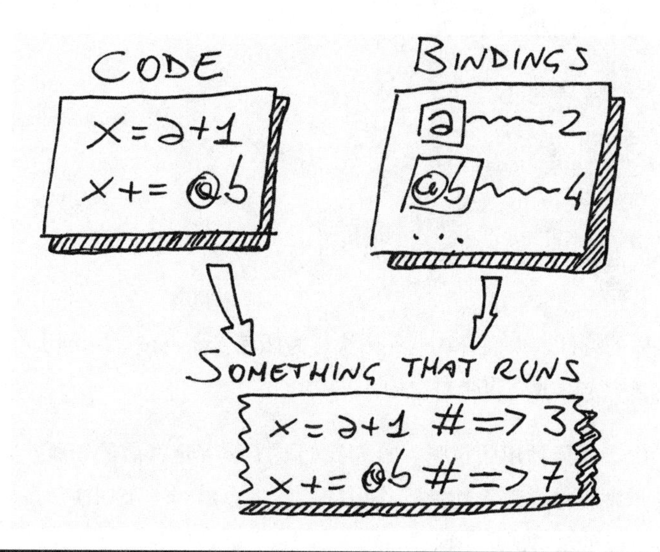

图 4-1 可以运行的代码由两部分组成：代码本身和一组绑定

由于这些东西都是绑定在对象上的名字，所以把它们简称为**绑定**（binding）。代码块之所以可以运行，是因为它既包含代码，也包含一组绑定。

你也许会想，块从哪里获得它的绑定呢？定义一个块时，它会获取环境中的绑定。当块被传给一个方法时，它会带着这些绑定一块进入该方法：

blocks/blocks_and_bindings.rb

```
def my_method
  x = "Goodbye"
  yield("cruel")
end

x = "Hello"
my_method {|y| "#{x}, #{y} world" }   # => "Hello, cruel world"
```

创建代码块时，你会获取局部绑定（比如上面的 x），然后把代码块连同它的绑定传给一个方法。在上面的例子中，代码块的绑定中包括一个名为x的变量。虽然在方法中也定义了一个变量 x，但代码块看到的 x 还是在代码块定义时绑定的 x，方法中的 x 对这个代码块来说是不可见的。

还可以在代码块内定义额外的绑定，但这些绑定在代码块结束时就消失了：

blocks/block_local_vars_failure.rb

```
def just_yield
  yield
end

top_level_variable = 1

just_yield do
  top_level_variable += 1
  local_to_block = 1
end

top_level_variable          # => 2
local_to_block              # => Error!
```

基于这样的特性，人们喜欢把代码块称为**闭包**（closure）。换句话说，代码块可以获取局部绑定，并一直带着它们。

那么，应该如何使用闭包呢？首先我们要了解绑定寄居的场所——作用域。我们要学会辨别程序在哪里切换了作用域。你将会遇到一个切换作用域的特殊问题，而闭包正好可以解决这个问题。

4.3.1 作用域

Scope

设想你是一个微型调试器（debugger），正沿着代码穿过一段 Ruby 程序。你从一条语句蹦到另一条语句，直到遇到一个断点。看看周围的环境，这就是你的作用域。

作用域里到处都是绑定。你的脚下有一堆局部变量。抬头向上看，你会发现自己站在一个对象里，它有自己的方法和实例变量。这个对象就是当前对象，也称为 self。不远处有一棵挂满常量的树，你可以用它们来确定自己的位置。更远的地方，还有一组全局变量。

现在，你已经看够了风景，决定继续前进。

切换作用域

下面的例子演示了程序运行时作用域是如何切换的，Kernel#local_variables 方法用来跟踪绑定的名字：

blocks/scopes.rb

```
v1 = 1
class MyClass
  v2 = 2
  local_variables          # => [:v2]
  def my_method
    v3 = 3
    local_variables
  end
  local_variables          # => [:v2]
end

obj = MyClass.new
obj.my_method              # => [:v3]
obj.my_method              # => [:v3]
local_variables            # => [:v1, :obj]
```

我们跟踪程序切换作用域的情况。首先，程序从顶级作用域（参见第 35 页）开始，在这里定义了 v1。然后进入定义 MyClass 的作用域，这时发生了什么？

在某些语言（如 Java 和 C#）中，有“内部作用域（inner scope）”的概念。在内部作用域里可以看到“外部作用域（outer scope）”的变量。但 Ruby 没有这种嵌套式的作用域，它的作用域之间是截然分开的：一旦进入一个新的作用域，原先的绑定会被替换为一组新的绑定。这意味着在程序进入 MyClass 后，v1 就落在了作用域范围之外，从而不可见了。

在定义 MyClass 的作用域中，程序定义了 v2 以及一个方法。因为方法中的代码还没有被执行，所以直到类定义结束前，程序不会再打开一个新的作用域。在方法定义完成后，用 class 关键字打开的作用域会永远关闭，同时程序回到顶级作用域。

全局变量和顶级实例变量

全局变量可以在任何作用域中访问：

```
def a_scope
  $var = "some value"
end

def another_scope
  $var
end

a_scope
another_scope          # => "some value"
```

谁都可以修改全局变量，你几乎没法确定是谁修改了它们。因此，能不使用全局变量，就尽量不要使用。有时可以用顶级实例变量代替全局变量。它们是顶级对象 main 的实例变量：

```
@var = "The top-level @var"

def my_method
  @var
end

my_method          # => "The top-level @var"
```

如上面的代码所示，只要 main 对象扮演 self 的角色，就可以访问顶级实例变量。但当其他对象成为 self 时，顶级实例变量就落到作用域外了：

```
class MyClass
  def my_method
    @var = "This is not the top-level @var!"
  end
end
```

一般认为顶级实例变量比全局变量安全些，但是这种安全也是有限的。

创建一个 MyClass 对象并把 my_method 方法调用两次时，会发生什么？当程序第一次进入 my_method 方法时，会打开一个新的作用域并定义一个局部变量 v3，接着程序退出这个方法，回到顶级作用域。此时，方法的作用域已经消失。当程序第二次调用 my_method 方法时，它会打开另外一个新的作用域，并且定义一个新的 v3 变量（跟前面的那个 v3 无关，那个 v3 已经消失）。最后，程序再次回到顶级作用域，你又重新看到了 v1 和 obj！

举上面的例子是为了说明：无论何时，只要程序切换了作用域，有些绑定就会被新的绑定所取代。当然，并不是对所有的绑定都如此。例如，如果一个对象调用同一个对象中的另外一个方法，实例变量在调用过程中就始终存在于作用域里。尽管如此，绑定（尤其是局部变量）在切换作用域时很容易失效。这就是它们被称为“局部”的原因。

跟踪作用域是一项需要技巧的工作。如果了解作用域门，跟踪就会容易些。

4.3.2 作用域门

Scope Gate

准确地说，程序会在三个地方关闭前一个作用域，同时打开一个新的作用域：

- 类定义
- 模块定义
- 方法

每当程序进入（或离开）类定义、模块定义、方法时，就会发生作用域切换。这三种情况分别以 `class`、`module` 和 `def` 关键字作为标志。每个关键字都对应一个**作用域门**（Scope Gate）。

作用域门

Bill 用注释标出了示例程序中所有的作用域门：

```
v1 = 1
class MyClass                    # 作用域门：进入class
  v2 = 2
  local_variables                # => ["v2"]
  def my_method                  # 作用域门：进入def
    v3 = 3
    local_variables
  end                            # 作用域门：离开def
  local_variables                # => ["v2"]
end                              # 作用域门：离开class

obj = MyClass.new
obj.my_method                    # => [:v3]
local_variables                  # => [:v1, :obj]
```

Bill 的程序打开了三个独立的作用域：顶级作用域，进入 `MyClass` 时创建的作用域，以及调用 `my_method` 方法时创建的一个作用域。

在 `class/module` 与 `def` 之间还有一个微妙的区别。在类定义和模块定义中的代码会立即执行。相反，在方法定义中的代码不会立刻执行。不过，编写程序时，你往往不会注意什么时候会切换作用域。

现在你能准确指出程序在哪里开始切换作用域。但是，如果希望让一个变量穿越作用域，该怎么做呢？要解答这个问题，还得靠代码块。

4.3.3 扁平化作用域

Flattening the Scope

对 Ruby 越熟悉，就越想知道怎样让绑定穿越作用域门：

blocks/flat_scope_1.rb

```
my_var = "Success"

class MyClass
  # 希望在这里打印my_var...

  def my_method
    # ...还有这里
  end
end
```

作用域门是一道难以翻越的藩篱。在进入另外一个作用域时，局部变量会立刻失效。怎样才能让 `my_var` 变量穿越两个（而不是一个）作用域门呢？

首先让我们看看 `class` 这个作用域门。你不能让 `my_var` 穿越它，但是可以把 `class` 关键字替换为某个非作用域门的东西，比如方法调用。如果能用方法替换 `class`，就能在一个闭包中获得`my_var`的值，并把这个闭包传递给该方法。用什么方法可以完成 `class` 所做的工作呢？

查看 Ruby 文档，就能找到答案。`Class.new` 是 `class` 的完美替身。如果把一个代码块传给 `Class.new`，还可以在其中定义实例方法：

blocks/flat_scope_2.rb

```
  my_var = "Success"

> MyClass = Class.new do
>   # 现在可以在这里打印my_var了...
>   puts "#{my_var} in the class definition!"

    def my_method
      # ... 但是怎样在这里把它打印出来呢？
    end
  end
```

现在的问题是，怎样让 my_var 穿越 def 这个作用域门？同样，需要使用一个方法调用来替换这个关键字。还记得**动态方法**（51）么？可以用 Module#define_method 方法来替代 def：

blocks/flat_scope_3.rb

```
my_var = "Success"

MyClass = Class.new do
  puts "#{my_var} in the class definition"

>   define_method :my_method do
>     "#{my_var} in the method"
>   end
end

> MyClass.new.my_method

< Success in the class definition
  Success in the method
```

使用方法调用来替代作用域门，就可以让一个作用域看到另外一个作用域里的变量。这种技巧称为嵌套文法作用域（nested lexical scopes），不过很多 Ruby 程序员习惯叫它“扁平化作用域（flattening the scope）”，表示如果两个作用域挤压在一起，它们就可以共享各自的变量。也可以简称为**扁平作用域**（Flat Scope）。

扁平作用域

共享作用域

掌握了扁平作用域，就拥有了控制作用域的能力。例如，假设你想在一组方法之间共享一个变量，但是又不希望其他方法访问这个变量，就可以把这些方法定义在那个变量所在的扁平作用域里：

blocks/shared_scope.rb

```
def define_methods
  shared = 0
  Kernel.send :define_method, :counter do
    shared
  end
  Kernel.send :define_method, :inc do |x|
    shared += x
  end
end
define_methods

counter          # => 0
inc(4)
counter          # => 4
```

这个例子定义了两个**内核方法**（32）。它还使用了**动态派发**（48）法术来访问 Kernel 的私有类方法 define_method。Kernel#counter 和 Kernel#inc 方法都可以看到 shared 变量，但是其他的方法却看不到它，因为这个变量被**作用域门**（81）保护着——这就是使用 define_methods 方法的原因。这种用来共享变量的技巧称为**共享作用域**（Shared Scope）。

共享作用域

掌握了作用域门、扁平作用域和共享作用域之后，就可以在任何地方看到你希望看到的变量了。最后，我们对闭包做一个小结。

4.3.4 闭包小结

Closures Wrap-Up

每个 Ruby 作用域都包含一组绑定。不同的作用域之间被作用域门（class、module、def）分隔开来。

要想让某个绑定穿越作用域，可以使用代码块。一个代码块是一个闭包，当定义一个代码块时，它会捕获当前环境中的绑定，并带着它们四处流动。因此，你可以使用方法调用来代替作用域门，用一个闭包获取当前的绑定，并把这个闭包传递给该方法。

可以使用 Class.new 方法代替 class 关键字，用 Module.new 方法代替 module 关键字，用 Module#define_method 方法来代替 def 关键字。这就是**扁平作用域**(83)，它是闭包上常用的法术。

如果一个扁平作用域中定义了多个方法，把这些方法用一个作用域门保护起来，它们就可以共享绑定，这种技巧称为**共享作用域**（84）。

学习了扁平作用域，现在可以看看更高级的 instance_eval 方法了。

4.4 instance_eval 方法

instance_eval

你将学习另一种混合代码和绑定的方式。

下面的代码演示了 BasicObject#instance_eval 方法，它在一个对象的上下文中执行块：

blocks/instance_eval.rb

```
class MyClass
  def initialize
    @v = 1
  end
end

obj = MyClass.new

obj.instance_eval do
  self          # => #<MyClass:0x3340dc @v=1>
  @v            # => 1
end
```

运行时，代码块的接收者会成为 self，因此它可以访问接收者的私有方法和实例变量(如@v)。即使 instance_eval 方法修改了 self 对象，传给 instance_eval 方法的代码块仍然可以看到在它定义时的那些绑定，就像其他代码块那样：

```
v = 2
obj.instance_eval { @v = v }
obj.instance_eval { @v }          # => 2
```

上面的三行代码在同一个**扁平作用域**（83）中执行，因此它们都可以访问局部变量 v。由于代码块把运行它的对象作为 self，所以它们也能访问 obj 的实例变量 @v。我们把传递给 instance_eval 方法的代码块称为**上下文探针**(Context Probe)，因为它就像是一个深入到对象中的代码片段，并可以对那个对象进行操作。

上下文探针

4.4.1 打破封装

Breaking Encapsulation

有了**上下文探针**（85），岂不是可以肆意破坏封装！再没有什么数据是私有的了。这样做真的好吗？

从使用的角度来说，有时封装确实让人觉得不方便。如果你想用 irb 快速查看对象的内部细节，使用 instance_eval 方法往往是最快的。

还有一种情况下可以打破封装，那就是测试。下面是一个例子。

Padrino 的例子

Padrino web 开发框架定义了一个 Logger 类，用来管理 web 应用要处理的所有日志信息。Logger 类把自身的配置信息存储到实例变量中。例如，@log_static 的值为 true 表示应用程序访问静态文件必须记录日志。

Padrino 的单元测试需要修改应用程序日志的配置信息。不过，Padrino 的单元测试并没有创建新的日志对象。相反，测试程序（用 Minitest 测试库编写）只是打开已有的日志对象，然后并使用上下文探针直接修改日志：

gems/padrino-core-0.11.3/test/test_logger.rb

```
describe "PadrinoLogger" do
  context 'for logger functionality' do
    context "static asset logging" do
      should 'not log static assets by default' do
        # ...
        get "/images/something.png"
        assert_equal "Foo", body
        assert_match "", Padrino.logger.log.string
      end

      should 'allow turning on static assets logging' do
        Padrino.logger.instance_eval{ @log_static = true }
        # ...
        get "/images/something.png"
        assert_equal "Foo", body
        assert_match /GET/, Padrino.logger.log.string
        Padrino.logger.instance_eval{ @log_static = false }
      end
    end

    # ...
```

第一个测试访问了一个静态文件，并确定日志并没有记录任何信息。这是 Padrino 的默认行为。第二个测试使用 `instance_eval` 方法修改了日志的配置信息，访问静态文件时要记录日志。然后它又重新访问了跟第一个测试同样的 URL，确保日志对象记录了这个访问。在退出之前，第二个测试又把记录访问静态文件的选项重新设置为默认的 `false`。

你也许认为这测试太脆弱：如果 `Logger` 类修改了实现方式，把`@log_static` 实例变量去掉，那么测试就无法工作了。这只是一个选择问题，如果你决定这样做，就得承担相应的风险。Padrino 的作者愿意承担这个风险。

instance_exec 方法

`instance_eval` 方法还有一个双胞胎兄弟：`instance_exec` 方法。它比 `instance_eval` 方法稍稍灵活一些，允许对代码块传入参数。有时候，这个特性很有用，比如在下面这个略显诡异的例子里：

blocks/instance_exec.rb

```
class C
  def initialize
    @x = 1
  end
end

class D
  def twisted_method
    @y = 2
    C.new.instance_eval { "@x: #{@x}, @y: #{@y}" }
  end
end

D.new.twisted_method        # => "@x: 1, @y: "
```

你可能认为 D#twisted_method 中的代码块既可以访问 C 类的@x 实例变量，也可以访问 D 类中的@y 实例变量，因为它们都在同一个**扁平作用域**（83）里。然而，实例变量是依赖于当前对象 self 的。因此，当 instance_eval 方法把接收者变为当前对象 self 时，调用者的实例变量就落在作用域范围外了。这样，代码块中的@y 被当成是 C 类的实例变量，此时它并未初始化，因此值还是 nil（在打印时显示一个空字符串）。

为了把@x 和@y 放到一个作用域里，可以使用 instance_exec 方法把@y 的值传给代码块：

```
class D
  def twisted_method
    @y = 2
>   C.new.instance_exec(@y) {|y| "@x: #{@x}, @y: #{y}" }
  end
end

D.new.twisted_method        # => "@x: 1, @y: 2"
```

4.4.2 洁净室

Clean Rooms

有时，你想创建一个只是为了在其中执行块的对象。这样的对象称为**洁净室**（Clean Room）：

洁净室

blocks/clean_room.rb

```
class CleanRoom
  def current_temperature
    # ...
  end
end
```

```
clean_room = CleanRoom.new
clean_room.instance_eval do
  if current_temperature < 20
    # TODO: wear jacket
  end
end
```

洁净室只是一个用来执行块的环境。它可以提供若干有用的方法供代码块调用，比如本例中的 current_temperature 方法。然而，一个理想化的洁净室是不应该有任何方法或者实例变量的，因为这样的话，其中的方法名或实例变量名有可能和代码块从其环境中带来的名字冲突。因此，BasicObject 的实例往往用来充当洁净室，因为它是**白板类**（66），几乎没有任何方法。

在 BasicObject 中，像 String 这样的 Ruby 常量甚至都不在作用域内。如果你想在 BasicObject 中引用一个常量，就得用该常量的绝对路径，比如::String。稍后，你会看到一个洁净室的示例。

关于 instance_eval 方法知道这些就够了，现在可以学习可调用对象了。

4.5 可调用对象
Callable Objects

Bill 将演示怎样将代码打包备用，以便以后执行。

从底层看，使用代码块分为两步。第一步，将代码打包备用；第二步，调用代码块（通过 yield 语句）执行代码。这种“打包代码，以后调用”的机制并不是代码块的专利。在 Ruby 中，至少还有其他三种方法可以用来打包代码：

- 使用 proc，proc 是由块转换来的对象。
- 使用 lambda，它是 proc 的变种。
- 使用方法。

我们先讨论 Proc 和 lambda，回头再讨论方法。

4.5.1 Proc 对象
Proc Objects

尽管 Ruby 中绝大多数东西都是对象，但是代码块却不是。为什么要关心这个呢？假设你想存储一个块供以后执行，你就需要一个对象。

为了解决这个问题，Ruby在标准库中提供了一个名为Proc的类。Proc就是由块转换来的对象。你可以把代码块传给Proc.new方法来创建一个Proc。以后就可以用Proc#call方法来执行这个由代码块转换而来的对象：

```
inc = Proc.new {|x| x + 1 }
# 更多代码...
inc.call(2)          # => 3
```

这个技巧称为**延迟执行**（Deferred Evaluation）。

延迟执行

还有几种方式创建proc。Ruby有两个**内核方法**（32）可以把块转换成Proc：lambda方法和proc方法。稍后，你会了解lambda方法、proc方法和其他创建Proc的方法之间有一些细微的差别。你可以挑选你最喜欢的方式：

```
dec = lambda {|x| x - 1 }
dec.class                # => Proc
dec.call(2)              # => 1
```

另外，你还可以用一种叫带刺的（stabby）*lambda操作符创建lambda：

```
p = ->(x) { x + 1 }
```

注意其中的小箭头，它是短线加大于号。上面的代码等同于：

```
p = lambda {|x| x + 1 }
```

到目前为止，你已经学习了四种把代码块转换为 Proc 的方式。还有第五种方式，它值得独自占用一个章节讨论。

&操作符

代码块就像是方法额外的匿名参数。绝大多数情况下，在方法中可以通过yield语句直接运行一个代码块。但在下面两种情况下，yield就力不从心了：

- 你想把代码块传递给另外一个方法（甚至代码块）。
- 你想把代码块转换成Proc。

在这两种情况下，你都要给代码块取一个名字。要将代码块附加到一个绑定上，你可以给这个方法添加一个特殊的参数，这个参数必须是参数列表中的最后一个，且以 & 符号开头。下面是一个把代码块传给另外一个方法的例子：

* 译注：不少 Ruby 操作符都有按形状起的浑名，比如<=>操作符叫宇宙飞船（spaceship），<<操作符叫铲子（shovel）等。如果你觉得不像，请努力提高自己的想象力。

blocks/ampersand.rb

```
def math(a, b)
  yield(a, b)
end

def do_math(a, b, &operation)
  math(a, b, &operation)
end

do_math(2, 3) {|x, y| x * y}          # => 6
```

如果在调用 do_math 方法时没有附加代码块，那么&operation 参数将被赋值为 nil，这样 math 方法中的 yield 操作就会失败。

如果把这个块转换成 Proc 呢？实际上，如果你在上面的代码中引用了 operation，就已经拥有了一个 Proc 对象。&操作符的含义是：这是一个 Proc 对象，我想把它当成代码块来使用。去掉&操作符，就能再次得到一个 Proc 对象：

```
def my_method(&the_proc)
  the_proc
end

p = my_method {|name| "Hello, #{name}!" }
p.class                # => Proc
p.call("Bill")         # => "Hello, Bill!"
```

现在有好几个方法可以用来把一个块转换为一个 Proc，但是，如果想把它再转换回来该怎样做？你可以使用&操作符再把 Proc 转换成代码块：

blocks/proc_to_block.rb

```
def my_method(greeting)
  "#{greeting}, #{yield}!"
end

my_proc = proc { "Bill" }
my_method("Hello", &my_proc)
```

调用 my_method 方法时，&操作符会把 my_proc 转换为代码块，再把代码块传给这个方法。

学习了代码块和 Proc 之间的转换，来看一个可调用对象的示例，它首先以 lambda 形式存在，然后转换成普通的代码块。

HighLine 的例子

HighLine 库可以为控制台的输入/输出添加更多功能。例如，可以让 HighLine 收集用户用逗号分隔的输入，然后把输入转换为一个数组。这些功能用一个调用就能实现。下面这个程序可以让你输入用逗号分隔的一组朋友姓名：

blocks/highline_example.rb

```
require 'highline'

hl = HighLine.new
friends = hl.ask("Friends?", lambda {|s| s.split(',') })
puts "You're friends with: #{friends.inspect}"
```

```
< Friends?
  Ivana, Roberto, Olaf
< You're friends with: ["Ivana", " Roberto", " Olaf"]
```

你给 `HighLine#ask` 方法提供了两个参数：第一个参数是字符串（给用户的提示）；第二个参数是一个 `Proc`，它包含一些后续执行（post-processing）的代码。你也许会奇怪为什么 HighLine 需要使用 `Proc` 参数而不是简单的代码块。实际上，你可以把代码块传递给 `ask` 方法。这种方式还可以用来实现另一个 HighLine 功能。

如果你读过 `HighLine#ask` 方法的代码，就会发现它把这个 `Proc` 传给了 `Question` 类的一个对象，它把这个 `Proc` 当成一个实例变量存储起来。在收集完用户输入后，这个 `Question` 对象会把用户的输入传递给这个 `Proc` 对象。

如果想对用户的输入做其他的操作（比如转换成大写字母），可以创建另外一个不同的 `Proc`：

```
name = hl.ask("Name?", lambda {|s| s.capitalize })
puts "Hello, #{name}"
```

```
< Name?
  bill
< Hello, Bill
```

这就是**延迟执行**（89）的一个例子。

4.5.2 Proc 与 Lambda 的对比

Procs vs. Lambdas

我们已经学了不少把代码块转换为 `Proc` 的方法：`Proc.new` 方法、`lambda` 方法、`&`操作符等，每种方式都会返回一个 `Proc` 对象。

用 `lambda` 方法创建的 `Proc` 与用其他方式创建的 `Proc` 有一些细微却重要的差别。用 `lambda` 方法创建的 `Proc` 称为 lambda，而用其他方式创建的则称为 proc。（可以使用 `Proc#lambda?`方法检测 `Proc` 是不是 lambda。）

Proc 与 lambda 的差异可能是 Ruby 最令人费解的特性，有很多特例以及突兀的规则。虽然没必要记住所有细节，但你至少应该了解一个大概。

Proc 与 lambda 的重要差别有两个。第一个与 return 关键字有关，另一个则与参数检验有关。让我们从 return 开始。

Proc、Lambda 和 return

lambda 和 proc 的 return 关键字有不同的含义，这是它们的第一个区别。在 lambda 中，return 仅仅表示从这个 lambda 中返回：

blocks/proc_vs_lambda.rb

```
def double(callable_object)
  callable_object.call * 2
end

l = lambda { return 10 }
double(l)          # => 20
```

在 proc 中，return 的行为则有所不同。它不是从 proc 中返回，而是从定义 proc 的作用域中返回：

```
def another_double
  p = Proc.new { return 10 }
  result = p.call
  return result * 2     # 不可到达的代码!
end

another_double          # => 10
```

一旦了解了这种行为方式，就能清楚地看出下面代码的错误：

```
def double(callable_object)
  callable_object.call * 2
end

p = Proc.new { return 10 }
double(p)          # => LocalJumpError
```

上面的程序试图从定义 p 的作用域返回。由于不能从顶级作用域返回，所以程序失败了。不使用 return 可以规避这个问题：

```
p = Proc.new { 10 }
double(p)    # => 20
```

现在来看看 proc 和 lambda 的第二个重要差别。

Proc、Lambda 和参数数量

proc 和 lambda 的第二个差别来自它们检查参数的方式。例如，某个 proc 或 lambda 的参数数量为二，这意味着它可以接受两个参数：

```
p = Proc.new {|a, b| [a, b]}
p.arity          # => 2
```

如果给这个可调用对象传递三个参数或一个参数，会怎么样？答案很复杂而且有很多特例。[1]简单地说，在参数问题上，lambda 的适应能力比 proc（以及普通代码块)差。如果调用 lambda 时的参数数量不对，就会抛出 ArgumentError 错误；而 proc 则会把传来的参数调整成自己期望的参数形式：

```
p = Proc.new {|a, b| [a, b]}
p.call(1, 2, 3)          # => [1, 2]
p.call(1)                # => [1, nil]
```

如果参数比期望的要多，则 proc 会忽略多余的参数；如果参数数量不足，对于未指定的参数，proc 会赋值为 nil。

Proc 与 Lambda 对比之结论

整体而言，lambda 更直观，因为它更像是一个方法。它对参数数量要求严格，而且在调用 return 时确实只是从代码中返回。因此，很多 Ruby 程序员把 lambda 作为第一选择，除非他们需要使用 proc 的某些特殊功能。

4.5.3 Method 对象

Method Objects

最后一个可调用对象家族的成员是方法。如果你不相信方法跟 lambda 一样也是可调用对象，那就来看看下面这个例子：

blocks/methods.rb

```
class MyClass
  def initialize(value)
    @x = value
  end
  def my_method
    @x
  end
end
```

[1] Paul Cantrell 写了一个程序探索所有这些特例：http://innig.net/software/ruby/closures- in-ruby.rb

```
object = MyClass.new(1)
m = object.method :my_method
m.call                          # => 1
```

通过调用 Kernel#method 方法，可以获得一个用 Method 对象表示的方法，可以在以后使用 Method#call 方法对它进行调用。在 Ruby 2.1 中，还可以使用 Kernel#singleton_method 方法把**单件方法**（115）名转换成 Method 对象。（后面会介绍什么是单件方法。）

Method 对象类似于代码块或者 lambda。实际上，可以通过 Method#to_proc 方法把 Method 对象转换为 Proc。另外还可以通过 define_method 方法把代码块转换为方法。然而，它们之间有一个重要的区别：lambda 在定义它的作用域中执行（它是一个闭包，还记得么？），而 Method 对象会在它自身所在对象的作用域中执行。

Ruby 还有第二种表示方法的类（没准会让你感到困惑）。下面先看看它是什么，然后再看看怎样使用它。

自由方法

自由方法（unbound method）跟普通方法类似，不过它从最初定义它的类或者模块中脱离了。通过调用 Method#unbind 方法，可以把一个方法变成自由方法。你也可以直接调用 Module#instance_method 方法获得一个自由方法。下面是一个例子：

blocks/unbound_methods.rb

```
module MyModule
  def my_method
    42
  end
end

unbound = MyModule.instance_method(:my_method)
unbound.class          # => UnboundMethod
```

虽然不能调用 UnboundMethod，但可以把它绑定到一个对象上，使之再次成为一个 Method 对象。具体的做法是使用 UnboundMethod#bind 方法把 UnboundMethod 对象绑定到一个对象上。从某个类中分离出来的 UnboundMethod 对象只能绑定在该类及其子类的对象上，不过从模块分离出来的 UnboundMethod 对象在 Ruby 2.0 之后不受这个限制。还可以把 UnboundMethod 对象传给 Module#define_method 方法，从而实现绑定。下面是一个例子（我使用了**动态派发**（48）在字符串上调用 define_method，因为它是私有方法。）

```
String.send :define_method, :another_method, unbound
"abc".another_method        # => 42
```

自由方法只在极个别的特殊场合发挥作用，下面来看一个例子。

Active Support 的例子

Active Support 库中有一些类实现了这样一个功能，它们会在你引用定义在某个文件中的常量时，自动加载该文件。这个“自动加载”系统中包含一个名为 Loadable 的模块，它重新定义了标准的 Kernel#load 方法。如果一个类包含 Loadable 模块，那么 Loadable#load 方法会处在祖先链中低于 Kernel#load 的位置。因此，在调用 load 方法时，会调用 Loadable#load 方法。

有时我们希望为包含 Loadable 的类消除自动加载功能。换句话说，不想调用 Loadable#load 方法，而想调用 Kernel#load 方法。Ruby 没有 uninclude 语句，因此一旦包含 Loadable，就无法把它从祖先链中去掉。不过，Active Support 库用一行代码就解决了这个问题：

gems/activesupport-4.1.0/lib/active_support/dependencies.rb

```
module Loadable
  def self.exclude_from(base)
    base.class_eval { define_method(:load, Kernel.instance_method(:load)) }
  end

  # ...
```

假设有一个名为 MyClass 的类包含 Loadable 模块，当调用 Loadable.exclude_from(MyClass) 时，上面的代码会调用 instance_method 来获得 Kernel#load 自由方法，然后它使用这个自由方法在 MyClass 也定义一个全新的 load 方法。结果，MyClass#load 方法实际上就是 Kernel#load 方法，然后它遮蔽 Loadable#load 方法。（如果你感到困惑，可以画一下 MyClass 的祖先链图。）*

这个技巧展示了自由方法的威力，但这个例子还是有点勉强，它处理的是一个极其特殊的问题。另外，这个解决方案最后会在祖先链中留下三个 load 方法，有两个是完全一样的（MyClass#load 和 Kernel#load），还有两个从来都不会被调用（Kernel#load 和 Loadable#load）。一般情况下最好不要这样做。

---

* 译注：在执行了 exclude_from 方法之后，MyClass、Loadable 和 Kernel 中都存在 load 方法，但是，由于 MyClass 的 load 方法在祖先链中的位置最低，所以会执行它。而它实际上又和 Kernel#load 是一样的，因此执行的就是 Kernel#load 方法。

4.5.4 可调用对象小结
Callable Objects Wrap-Up

可调用对象是可以执行的代码片段，而且它们有自己的作用域。可调用对象有以下几种。

- 代码块（它们不是真正的“对象”，但是它们是“可调用的”）：在定义它们的作用域中执行。
- proc：`Proc` 类的对象跟代码块一样，也在定义自身的作用域中执行。
- lambda：也是`Proc`类的对象，但是跟普通的`proc`有细微的差别。它跟块和 `proc` 一样都是闭包，因此也在定义自身的作用域中执行。
- 方法：绑定于一个对象，在所绑定对象的作用域中执行。它们也可以与这个作用域解除绑定，然后再重新绑定到另一个对象的作用域上。

不同种类的可调用对象有细微的差别。在方法和 `lambda` 中，`return` 语句从可调用对象中返回。而在块和 `proc` 中，`return` 从定义可调用对象的原始上下文中返回。另外，不同的可调用对象对于传入参数数量不符有不同的处理方式。其中方法处理的方式最严格，`lambda` 也很严格（只是与方法相比，在某些极端情况下略为宽松），而 `proc` 和块要宽容一些。

尽管有这些差别，你还是可以将一种可调用对象转换为另外一种，实现这样功能的方法包括 `Proc.new` 方法、`Method#to_proc` 方法和`&`操作符。

4.6 编写领域专属语言（DSL）
Writing a Domain-Specific Language

你和 Bill 开始了今天的工作。

Bill 说：“可以开始做今天的工作了，它叫 RedFlag 项目。”

RedFlag 项目要为销售部门编写一个监视工具。如果出现不正常的情况（比如订单被推迟或销售总额过低等），监视工具就要给销售部门发送一条消息。销售部门希望监控几十个事件，每个星期事件列表都要更新一次。

销售部有自己的程序员，所以你和 Bill 不必写这些事件。你可以写一个简单的领域专属语言（参见 227 页），让销售部的程序员自己定义事件，就像这样：

```
event "we're earning wads of money" do
  recent_orders = ...   # （从数据库中读取）
  recent_orders > 1000
end
```

定义一个事件，要提供一个描述事件的名字以及一个代码块。如果这个代码块返回true，就会得到一个通过邮件发送的警告。如果返回false，则不会发生任何事。每隔几分钟检查一次系统的所有事件。让我们开始编写 RedFlag 0.1 吧。

4.6.1 第一个领域专属语言

Your First DSL

你和 Bill 很快就写出了可以工作的 RedFlag 领域专属语言：

blocks/redflag_1/redflag.rb

```
def event(description)
  puts "ALERT: #{description}" if yield
end
load 'events.rb'
```

这个 DSL 是一个只包含一行代码的方法。最后一行代码会加载所有名字以 events.rb 结尾的文件，并执行文件中的代码。这些代码会调用 RedFlag 的 event 方法。为了测试这个 DSL，你创建了一个名为 test_events.rb 的文件。

blocks/redflag_1/events.rb

```
event "an event that always happens" do
  true
end
event "an event that never happens" do
  false
end
```

你把 redflag.rb 和 events.rb 放到同一个文件夹下，然后运行 redflag.rb：

```
< ALERT: an event that always happens
```

Bill 欢呼道：“成功了！只要让这个程序每隔几分钟运行一次就行了。”

共享事件

老板非常满意这个结果，不过她有个疑问：“这个 DSL 能在事件之间共享数据么？例如，两个独立的事件能否访问同一个变量？”

Bill 回答道：“可以，我们使用了**扁平作用域**（83）。”为了证明，Bill 又写了一个新的测试文件：

blocks/redflag_2/events.rb

```
def monthly_sales
  110 # TODO: 从数据库中读取真实的数据
end

target_sales = 100

event "monthly sales are suspiciously high" do
  monthly_sales > target_sales
end

event "monthly sales are abysmally low" do
  monthly_sales < target_sales
end
```

文件中的两个事件共享一个方法和一个局部变量。运行 `redflag.rb` 结果 OK。

```
< ALERT: monthly sales are suspiciously high
```

老板承认它有效，但是她不喜欢 `monthly_sales` 和 `target_sales` 散乱地放在顶级作用域里。她希望你们把它改成她心目中的 DSL。

4.7 小测验：改良的 DSL
Quiz: A Better DSL

你将独自开发新版本的 RedFlag DSL。

老板希望你们为 RedFlag DSL 增加一个 `setup` 指令，如下面代码所示：

blocks/redflag_3/events.rb

```
setup do
  puts "Setting up sky"
  @sky_height = 100
end

setup do
  puts "Setting up mountains"
  @mountains_height = 200
end

event "the sky is falling" do
  @sky_height < 300
end

event "it's getting closer" do
  @sky_height < @mountains_height
end

event "whoops... too late" do
  @sky_height < 0
end
```

在新版的 DSL 里，你们可以自由混合事件和 setup 代码块（简称为 setup）。DSL 还是会检测事件，不过在检测每个事件前都会运行所有的 setup。如果对上面的测试文件运行 redflag.rb，应该得到如下输出：

```
< Setting up sky
  Setting up mountains
  ALERT: the sky is falling
  Setting up sky
  Setting up mountains
  ALERT: it's getting closer
  Setting up sky
  Setting up mountains
```

在检测每一个事件之前，RedFlag 都会运行所有的 setup。前两个事件产生了提示，第三个则没有。

setup 可以给@开头的变量名赋值，比如@sky_height 和@mountains_height。事件则可以读取这些变量。老板认为这样可以鼓励程序员写出干净的代码：所有共享变量在一个 setup 中初始化，然后被事件使用。这样追踪变量会更容易些。

4.7.1 Bill 逃跑了

Runaway Bill

老板要求按照特定的顺序执行块和事件。于是你们重写了 event 方法：

```ruby
def event(description, &block)
  @events << {:description => description, :condition => block}
end

@events = []
load 'events.rb'
```

新的 event 方法把事件触发条件从代码块转换为 Proc。接着把事件描述和已经 Proc 化的事件条件封装在哈希表对象中，然后再把这个哈希对象存放在一个事件数组中。这个数组是一个顶级实例变量（参见第 80 页），所以可以在 event 方法外初始化。最后一行代码加载定义事件的文件。你打算写一个类似 event 的方法来处理 setup，接着再让事件和 setup 按照正确的顺序执行。

正当你思考时，Bill 猛地拍了一下自己的额头，嘴里咕哝说差点忘了要参加老婆的生日聚会，然后以迅雷不及掩耳的速度跑出了办公室。现在只能靠你自己了。你能独自完成新的 DSL，获得满意的结果吗？

4.7.2 小测验答案

Quiz Solution

这个测验有很多种解法。下面是其中的一种：

blocks/redflag_3/redflag.rb

```
def setup(&block)
  @setups << block
end

def event(description, &block)
  @events << {:description => description, :condition => block}
end

@setups = []
@events = []
load 'events.rb'

@events.each do |event|
  @setups.each do |setup|
    setup.call
  end
  puts "ALERT: #{event[:description]}" if event[:condition].call
end
```

event 方法和 setup 方法都使用&操作符把代码块转换成 proc，然后它们分别在@events 和@setups 中存放这些 proc。这些顶级实例变量被 event 方法、setup 方法和主程序所共享。

主程序初始化@events 和@setups，然后加载 events.rb 文件。在 event 和 setup 方法中调用文件中的代码，用来为@events 和@setups 添加元素。

所有的事件和 setup 块加载完成后，程序会遍历所有事件。对于每一个事件，它首先会调用所有的 setup 块，然后再调用事件本身。

这时，你仿佛听到 Bill 的声音回响在你的耳边："@events 和@setups 这些顶级变量其实就是全局变量的变形，为什么不消除它们？"

消除"全局"变量

为了消除全局变量，你可以使用**共享作用域**（84）：

blocks/redflag_4/redflag.rb

```
lambda {
  setups = []
  events = []
```

```
  Kernel.send :define_method, :setup do |&block|
    setups << block
  end

  Kernel.send :define_method, :event do |description, &block|
    events << {:description => description, :condition => block}
  end

  Kernel.send :define_method, :each_setup do |&block|
    setups.each do |setup|
      block.call setup
    end
  end

  Kernel.send :define_method, :each_event do |&block|
    events.each do |event|
      block.call event
    end
  end
}.call

load 'events.rb'

each_event do |event|
  each_setup do |setup|
    setup.call
  end
  puts "ALERT: #{event[:description]}" if event[:condition].call
end
```

共享作用域包含在 lambda 中，这个 lambda 会被立刻调用。lambda 中的代码定义的 RedFlag 方法是**内核方法**（32），它们都共享两个变量：setups 和 events。因为这两个变量是 lambda 的局部变量，其他人无法访问。（实际上，lambda 存在的唯一原因就是让这些变量只对这四个内核方法可见。）是的，每次调用 Kernel.send 方法都会把一个代码块作为参数传给另外一个代码块。

现在全局变量都消除了，但是 RedFlag 的代码还没有先前的版本简洁。这算是改进吗？只能由你自己判断了。

添加一个洁净室

在目前的 RedFlag 版本里，事件可以修改其他事件共享的顶级实例变量：

```
event "define a shared variable" do
  @x = 1
end
event "change the variable" do
  @x = @x + 1
end
```

你希望事件在setup中共享变量，但是并不希望事件之间共享不必要的变量。同样，你需要判断这是一项改进还是一个潜在的bug。如果你认为事件之间应该尽可能地保持独立（就像测试用例集合中的每个测试用例那样），那么可能希望在**洁净室**（87）中执行这些事件：

blocks/redflag_5/redflag.rb

```
each_event do |event|
  env = Object.new
  each_setup do |setup|
    env.instance_eval &setup
  end
  puts "ALERT: #{event[:description]}" if env.instance_eval &(event[:condition])
end
```

现在事件和它的setup会在Object对象的上下文中执行，这个Object对象充当了洁净室。这样setup和事件中的变量就成为洁净室的实例变量，而非顶级实例变量。每个事件在自己的洁净室内执行，它们之间就不会共享实例变量。

你还想用一个BasicObject对象取代Object对象来充当洁净室。然而，由于BasicObject是一个**白板类**（66），其中缺少一些常用的方法，比如puts方法。因此，应该在确保RedFlag的事件不会使用puts和其他Object类的方法的前提下，才能使用BasicObject。带着一丝狡黠的笑容，你在代码旁加了一行注释，把这个难题留给了Bill。

4.8 小结
Wrap-Up

下面是你今天学到的新法术和有趣的东西：

- **作用域门**（81）和Ruby管理作用域的方式。
- 利用**扁平作用域**（83）和**共享作用域**（84）让绑定穿越作用域。
- 在对象的作用域中执行代码（通过instance_eval方法或instance_exec方法），在**洁净室**（87）中执行代码。
- 在代码块和对象（Proc）之间互相转换。
- 在方法和对象（Method或UnboundMethod对象）之间相互转换。

- 可调用对象（代码块、`Proc`、`lambda`及普通方法）之间的区别。
- 编写自己的领域专属语言。

今天学了不少新东西。离开办公室时，你的心情非常激动。明天你将学习Ruby隐藏最深的秘密。

第 5 章 星期四：类定义

Thursday: Class Definitions

我们知道，面向对象编程要花大量的时间定义类。在 Java 和 C#这类语言中，定义类就像跟编译器签订一份合同。你对编译器说："这是我期望的对象行为"。编译器回答说："OK"。但是，在你用类创建对象并调用对象的方法之前，什么都不会发生。

在 Ruby 中，类的定义有所不同。使用 `class` 关键字时，你不仅仅是在规定对象的行为方式，你实际上是在运行代码。

定义 Ruby 类实际上是在运行代码，这种思想催生了本章要学习的两种法术：**类宏**（117）可以用来修改类，**环绕别名**（134）可以在其他方法前后封装额外代码。为了最大限度地发挥这些法术的作用，本章还将介绍**单件类**（singleton class），这是 Ruby 最优雅的特性之一。

开始学习之前，我要给你两点提醒。第一，类只不过是一个增强的模块，因此本章学到的所有知识也都可以应用于模块。所有讲"类定义"的内容，也是讲"模块定义"的。第二，请做好心理准备，本章内容是全书最深奥的部分，你将走进 Ruby 对象模型最深暗的角落。

5.1 揭秘类定义 Class Definitions Demystified

你和 Bill 又见到了书虫应用程序和 Ruby 对象模型。

你睡眼惺忪、跌跌绊绊地走进办公室，听到 Bill 向你喊道："嗨，伙计！大家觉得我们周一重构的那个书虫程序很好用。老板希望我们进一步改良！但是首先，你需要学习类定义的基础知识。"

5.1.1 深入类定义 Inside Class Definitions

你可能认为定义类就是定义方法。其实，你可以在类定义中放入任何代码：

```
class MyClass
  puts 'Hello'
end

< Hello
```

就像方法和块一样，类定义也会返回最后一条语句的值：

```
result = class MyClass
  self
end

result          # => MyClass
```

上面的代码用到了一个知识点，这个知识点在讲解 `self` 关键字(参见第 34 页)时介绍过：定义类（或模块）时，类本身充当当前对象 `self` 的角色。类和模块也是对象，所以类也可以充当 `self`。请记住这一点，很快我们就会用到它。

既然说到 `self`，我们顺便学一个相关的概念：当前类。

5.1.2 当前类 The Current Class

不管处在 Ruby 程序的哪个位置，总存在一个当前对象：`self`。同样，也总是有一个当前类（或模块）存在。定义一个方法时，那个方法将成为当前类的一个实例方法。

我们可以用 `self` 获取当前对象，但是 Ruby 并没有相应的方式来获取当前类的引用。不过，跟踪当前类并不困难，我们可以查看源代码。

- 在程序的顶层，当前类是 Object，这是 main 对象所属的类。（这就是你在顶层定义方法会成为 Object 实例方法的原因。）
- 在一个方法中，当前类就是当前对象的类。（试着在一个方法中用 def 关键字定义另外一个方法，你会发现这个新方法会定义在 self 所属的类中。这个知识点很可能帮助你赢得 Ruby 八卦知识竞赛。）

```
class C
  def m1
    def m2; end
  end
end

class D < C; end

obj = D.new
obj.m1

C.instance_methods(false)          # => [:m1, :m2]
```

- 当用 class 关键字打开一个类时（或者用 module 关键字打开模块时），那个类称为当前类。

最后一条很可能是你在实际编码时最关心的。实际上，你经常用到它，比如用 class 关键字打开类的时候，以及用 def 关键字在类中定义方法的时候。然而，class 关键字有一个限制：它需要指定一个类名。不幸的是，在某些情况下，你根本不知道你要打开的类名。例如，设想一个以类为参数的方法，它给这个类添加了一个新的实例方法：

```
def add_method_to(a_class)
  # TODO: 在a_class上定义方法 m()
end
```

怎样才能在不知道类名字的情况下打开一个类呢？需要一种新的方式，它不需要使用 class 关键字就能修改当前类。答案就是：使用 class_eval 方法。

class_eval 方法

Module#class_eval 方法（它的别名是 module_eval 方法）会在一个已存在类的上下文中执行一个块：

class_definitions/class_eval.rb

```
def add_method_to(a_class)
  a_class.class_eval do
    def m; 'Hello!'; end
  end
end

add_method_to String
"abc".m          # => "Hello!"
```

Module#class_eval 方法和 Object#instance_eval 方法（参见第 85 页）截然不同。instance_eval 方法只修改 self，而 class_eval 方法会同时修改 self 和当前类。

（这并不是绝对真理：instance_eval 方法也会修改当前类，但是你要等到第 127 页才能看到具体怎样做。现在，你可以先忽视这个问题，简单地假定 instance_eval 方法只修改 self。）

通过修改当前类，class_eval 方法实际上重新打开了该类，就像 class 关键字所做的一样。

Module#class_eval 方法实际上比 class 关键字更灵活。可以对任何代表类的变量使用 class_eval 方法，而 class 关键字只能使用常量。另外，class 关键字会打开一个新的作用域，这样将丧失当前绑定的可见性，而 class_eval 方法则使用**扁平作用域**（83）。正如你在第 81 页学到的，这意味着可以引用 class_eval 代码块外部作用域中的变量。

最后，就像 instance_eval 方法有一个名为 instance_exec 的孪生方法一样，module_eval/class_eval 方法也有孪生方法 module_exec/class_exec。这些孪生方法可以接受额外的代码块作为参数。

instance_eval 方法和 class_eval 方法该如何选择呢？通常我们用 instance_eval 方法打开非类的对象；而用 class_eval 方法打开类定义，然后用 def 定义方法。如果要打开的对象也是类（或模块），那该用 instance_eval 还是 class_eval 呢？

如果你只想修改 self，那么 instance_eval 方法和 class_eval 方法都可以出色地完成任务。不过，你应该选择更能准确表达你意图的方法。如果你希望打开一个对象，但并不关心它是不是一个类，那么 instance_eval 就很好；如果你想使用**打开类**（14）技巧修改类，那么 class_eval 方法显然是更好的选择。

关于当前类我们介绍的已经不少了，让我们回顾一下它的要点。

当前类小结

你刚刚学到了一些关于类定义的知识：

- Ruby 解释器总是追踪当前类（或模块）的引用。所有使用 def 定义的方法都成为当前类的实例方法。
- 在类定义中，当前类就是 self——正在定义的类。
- 如果你有一个类的引用，则可以用 class_eval（或 module_eval）方法打开这个类。

在实际应用中，这些东西究竟有什么用？为了证明这些关于当前类的理论非常有用，下面看一种名为类实例变量（Class Instance Variable）的技巧。

5.1.3 类实例变量

Class Instance Variables

Ruby 解释器假定所有的实例变量都属于当前对象 self。在类定义时也如此：

class_definitions/class_instance_variables.rb

```
class MyClass
  @my_var = 1
end
```

在类定义的时候，self 的角色由类本身担任，因此实例变量@my_var 属于这个类。别弄混了，类的实例变量不同于类的对象的实例变量。例如下面这个例子：

```
class MyClass
  @my_var = 1
  def self.read; @my_var; end
  def write; @my_var = 2; end
  def read; @my_var; end
end

obj = MyClass.new
obj.read                # => nil
obj.write
obj.read                # => 2
MyClass.read            # => 1
```

上面的代码定义了两个实例变量，它们正好都叫@my_var，但是它们分属不同的作用域，并属于不同的对象。要弄清楚怎么回事，需要牢记类也是对象，而且需要自己在程序中追踪self。其中一个@my_var变量定义于obj充当self的时刻，它是 obj 对象的实例变量。另外一个@my_var 变量定义于 MyClass 充当 self 的时刻，因此它是 MyClass 的实例变量，也就是**类实例变量**（Class Instance Variable）。

类实例变量

如果你学过 Java，那么你可能认为类实例变量类似于 Java 的"静态成员"。然而，类实例变量只不过是正好属于 Class 类对象的普通实例变量而已。正因为如此，一个类实例变量只可以被类本身所访问，而不能被类的实例或者子类所访问。

你已经学习了不少东西，有当前类、类定义、self、class_eval 方法、类实例变量，等等。接下来，我们要把这些知识用于改进书虫程序。

再一次修改书虫程序

书虫的源代码中只有很少的几个单元测试用例，因此，你和 Bill 不得不自己动手添加测试用例，以方便重构。不过，这件事并不像想象的那么容易，比如碰到像这样的类：

class_definitions/bookworm_classvars.rb

```ruby
class Loan
  def initialize(book)
    @book = book
    @time = Time.now
  end
  def to_s
    "#{@book.upcase} loaned on #{@time}"
  end
end
```

Loan 存储借出图书的名字和时间——也就是对象创建的时间。你想给 to_s 方法写一个测试用例，那么就得知道这个对象是何时被创建的。这是依赖于时间或日期的代码普遍都会遇到的问题：每次代码运行时都会返回一个不同的结果，因此不知道测试哪一个结果。

Bill 宣布："我有一个解决方法。稍微有点复杂，因此你得集中注意力。"Bill 的方案如下。

类变量

如果希望在类中存储一个变量，除了**类实例变量**（110），还可以使用以@@打头的类变量（class variable）：

```
class C
  @@v = 1
end
```

类变量与类实例变量不同，它们可以被子类或者类的实例所使用。（在这个意义上，它们更像是 Java 的静态成员。）

```
class D < C
  def my_method; @@v; end
end

D.new.my_method  # => 1
```

不幸的是，类变量有一个不好的怪癖，下面是一个例子：

```
@@v = 1

class MyClass
  @@v = 2
end

@@v  # => 2
```

得到这样的结果是因为类变量并不真正属于类——它属于类体系结构。由于 `@@v` 定义于 `main` 的上下文，它属于 `main` 的类 `Object`，所以也属于 `Object` 所有后代。`MyClass` 继承自 `Object`，它也共享了这个类变量。

为了避免上面的意外，Ruby 高手会尽量使用类实例变量，而不用类变量。另外，从 Ruby 2.0 开始，在顶级作用域访问类变量时，会得到一个严厉的警告。

```
class Loan
  def initialize(book)
    @book = book
>   @time = Loan.time_class.now
  end

> def self.time_class
>   @time_class || Time
> end

  def to_s
    # ...
```

Loan.time_class 方法返回一个类，Loan#initialize 方法使用这个类来获取当前时间。这个类被存储在一个名为@time_class 的**类实例变量**（110）里。如果@time_class 的值是 nil，那么 time_class 方法中的**空指针保护**（219）模式会默认返回 Time 类。

在实际产品中，因为@time_class方法总是返回nil，所以Loan总是使用Time类。相反，单元测试可以使用一个伪造的时间类，用来返回一个永远相同的值。测试用例可以使用 class_eval 方法或 instance_eval 方法给私有变量赋值。这里使用哪一种方法都可以，因为它们都能修改 self：

```
class FakeTime
  def self.now; 'Mon Apr 06 12:15:50'; end
end

require 'test/unit'

class TestLoan < Test::Unit::TestCase
  def test_conversion_to_string
    Loan.instance_eval { @time_class = FakeTime }
    loan = Loan.new('War and Peace')
    assert_equal 'WAR AND PEACE loaned on Mon Apr 06 12:15:50', loan.to_s
  end
end
```

Bill 对自己杰作颇感自豪。他接着说："我们做个小测验，然后休息一下吧。"

5.2 小测验：Taboo 类
Quiz: Class Taboo

你要写一个程序，但不能使用一个常用的关键字。

你玩过禁忌游戏么？[1] 游戏规则很简单，给你一条秘密语句以及一组不能使用的单词（即"禁忌"）。你要帮助同伴猜秘密语句，但不能提到禁忌单词。

你要用 Ruby 来玩一个禁忌游戏。禁忌的单词是 class 关键字，下面是你的秘密语句：

```
class MyClass < Array
  def my_method
    'Hello!'
  end
end
```

---

[1] 参见 http://en.wikipedia.org/wiki/Taboo_(game)

写一段代码，完成和上述代码完全相同的功能，但是不能使用`class`关键字。（小提示：可以查看有关`Class#new`方法的文档。）

5.2.1 小测验答案

Quiz Solution

由于类是`Class`类的一个实例，所以可以通过调用`Class#new`方法来创建它。`Class#new`方法还可以接受一个参数（所建新类的超类）以及一个代码块，这个代码块可以在新建类的上下文中执行：

```ruby
c = Class.new(Array) do
  def my_method
    'Hello!'
  end
end
```

现在有了引用某个类的变量，但是这个类还是匿名的。还记得有关类名的讨论么（参见第 14 页）？类名只是一个常量而已，因此你可以自己给它赋值：

```ruby
MyClass = c
```

有趣的是，Ruby 在这里耍了一个小把戏。当你把一个匿名类赋值给一个常量时，Ruby 知道你是想给这个类命名，它会对这个类说："这是你的新名字。"这样，这个常量就表示这个`Class`，同时这个`Class`也就表示这个常量。如果没有这个小把戏，类将无从得知自己的名字，而你也就无法得到下面的结果：

```ruby
c.name # => "MyClass"
```

5.3 单件方法

Singleton Methods

你将教给 Bill 一些技巧。

你们正在打磨书虫的代码，这时发现了一个特别麻烦的重构问题。

`Paragraph`类封装了一个字符串，然后代理了所有对封装的字符串的调用，除了一个方法：`Paragraph# title?`。`Paragraph# title?`方法在段落全部是大写字母时会返回`true`。

class_definitions/paragraph.rb

```ruby
class Paragraph
  def initialize(text)
    @text = text
  end

  def title?; @text.upcase == @text; end
  def reverse; @text.reverse; end
  def upcase; @text.upcase; end
  # ...
```

`Paragraph`对象只在书虫程序源代码的一个地方被创建，而且，`Paragraph#title?`方法在整个应用程序中也只被调用一次，是在方法`index`中：

```ruby
def index(paragraph)
  add_to_index(paragraph) if paragraph.title?
end
```

Bill 皱起了眉头："`Paragraph` 类实在不应该装这么多东西，要不是需要那个`tilte?`方法，完全可以把它删掉。"

你说："是不是可以对`String`类打上**猴子补丁**（16），给它加入`title?`方法呢？" Bill 反对说："叫这个名字的方法应该用在段落上，不应该用在所有字符串上。"

Bill 琢磨着用**细化**（36）法术修改`String`类，而你决定用 Google 搜索其他的解决方案。

5.3.1 使用单件方法

Introducing Singleton Methods

你通过搜索知道了 Ruby 允许给单个对象增加一个方法。下面的例子就演示了怎样给一个特定的字符串添加一个`title?`方法：

class_definitions/singleton_methods.rb

```ruby
str = "just a regular string"

def str.title?
  self.upcase == self
end

str.title?                    # => false
str.methods.grep(/title?/)    # => [:title?]
str.singleton_methods         # => [:title?]
```

这段代码为 str 添加了一个 title?方法。其他对象（即使是 String 对象）没有这个方法。只对单个对象生效的方法，称为**单件方法**（Singleton Method）。你可以用上面的语法定义单件方法，也可以用 Object#define_singleton_method 方法来定义。

单件方法

有了单件方法，就可以着手优化书虫程序了。只要那个普通的 String 对象添加了 title?单件方法，就可以把它传给 index 方法：

class_definitions/paragraph.rb

```
paragraph = "any string can be a paragraph"

def paragraph.title?
  self.upcase == self
end

index(paragraph)
```

现在只用 String 类就行了，Paragraph 类可以被删除了。

Bill 称赞道："我知道单件方法，但我从没想到它可以这么用。"

你问 Bill："你早就知道这个？那么你以前觉得它能做些什么呢？"

"单件方法不仅可以增强某个对象（像你刚做的那样），它也是 Ruby 最常见的特性。"Bill 说，"其实我们一直都在使用单件方法，只是你不知道罢了。"

5.3.2 类方法的真相
The Truth About Class Methods

我们已经知道类也是对象，而类名只是常量（参见第 16 页）。所以，在类上调用方法其实就跟在对象上调用方法一样：

```
an_object.a_method
AClass.a_class_method
```

看到了吧。第一行代码在一个由变量引用的对象上调用方法；而第二行代码在一个由常量引用的对象（也是一个类）上调用方法。语法完全一样。

这还没完。还记得Bill说过我们一直都在使用单件方法么？类方法的实质是：它是一个类的单件方法。实际上，如果比较单件方法的定义和类方法的定义，你会发现它们是一样的：

Duck Typing

有些人被**单件方法**（115）吓到了。如果所有对象（不管属于哪个类）都有自己的方法，那代码会变得多么混乱呀。

在静态语言（如 Java）里，说对象的类型是 `T`，是因为它属于类 `T`（或是因为它实现了接口 `T`）。而在 Ruby 这样的动态语言里，对象的“类型”并不严格与它的类相关，“类型”只是对象能响应的一组方法。

人们把后面这种概念称为 duck typing。这个名字来自一个谚语：走起来（walk）像鸭子，叫起来（quack）也像鸭子，那就是一只鸭子。换句话说，我们不在乎一个对象是不是 Duck 类的实例，而只在乎它能不能响应 `walk` 和 `quack` 方法，不管它们是普通方法、单件方法，还是**幽灵方法**（57）。

随着进一步学习，你会越来越习惯 duck typing。在你学会一些很酷的技巧后，你会奇怪自己怎么能忍受过去没有它的日子。

```
def obj.a_singleton_method; end
def MyClass.another_class_method; end
```

因此，用 `def` 关键字定义单件方法的语法总是这样的：

```
def object.method
  # 这里是方法的主体
end
```

在上面的定义中，`object` 可以是对象引用、常量类名或者 `self`。在这三种方式下，定义的语法可能看起来有些不同，但实际上，底层的机制都是一样的。很漂亮，不是么？

你跟类方法的故事还没结束。还有一种常见的法术，它几乎完全依赖于类方法实现，由于它十分重要，我们将对它进行单独讨论。

5.3.3 类宏

Class Macro

让我们来看看下面这个例子，它来自 Ruby 内核。

attr_accessor 的例子

Ruby 对象没有属性。如果你希望有一些像属性的东西，就得定义两个**拟态方法**（218）：一个读方法和一个写方法：

class_definitions/attr.rb

```
class MyClass
  def my_attribute=(value)
    @my_attribute = value
  End

  def my_attribute
    @my_attribute
  end
end

obj = MyClass.new
obj.my_attribute = 'x'
obj.my_attribute          # => "x"
```

写这样的方法（也叫访问器）很容易让人感到枯燥。你可以用 `Module#attr_*` 方法定义访问器。`Module#attr_reader` 可以生成读方法，`Module#attr_writer` 可以生成写方法，而 `Module#attr_accessor` 可以同时生成两者：

```
class MyClass
  attr_accessor :my_attribute
end
```

所有的 `attr_*`方法都定义在 `Module` 类中，因此不管 `self` 是类还是模块，都可以使用它们。像 `attr_accessor` 这样的方法称为**类宏**（Class Macro）。类宏看起来很像关键字，但是它们其实只是普通的方法，只不过可以用在类定义里。

类宏

“既然学习了类宏，” Bill 说道，“我们可以在书虫程序里使用它。”

使用类宏

在书虫程序的 `Book` 类中有名为 `GetTitle`、`title2` 和 `LEND_TO_USER` 的方法。按照 Ruby 的惯例，它们应该分别命名为 `title`、`subtitle` 和 `lend_to`。不过，还有其他项目也使用 `Book` 类，而我们不能修改那些项目，如果简单修改方法名，就会破坏其他的调用者。

Bill 想这样解决这个问题：使用类宏声明这些旧方法名已被弃用，这样就可以修改这些方法名了：

class_definitions/deprecated.rb

```
class Book
  def title # ...
  def subtitle # ...

  def lend_to(user)
    puts "Lending to #{user}"
    # ...
  end

  def self.deprecate(old_method, new_method)
    define_method(old_method) do |*args, &block|
      warn "Warning: #{old_method}() is deprecated. Use #{new_method}()."
      send(new_method, *args, &block)
    end
  end

  deprecate :GetTitle, :title
  deprecate :LEND_TO_USER, :lend_to
  deprecate :title2, :subtitle
end
```

deprecate方法以旧方法名和新方法名作为参数，并定义了一个**动态方法**(51)来捕获对旧方法的调用。这个动态方法会把调用转发给重命名的新方法。在这之前，它会在控制台上打印一条警告信息，通知旧方法名已弃用：

```
b = Book.new
b.LEND_TO_USER("Bill")
```

```
< Warning: LEND_TO_USER() is deprecated. Use lend_to().
  Lending to Bill
```

如果你想真正理解类宏，以及从整体上理解单件方法，就必须更深入地理解Ruby的对象模型。下面来看看Ruby对象模型的最后一个知识点。

5.4 单件类

Singleton Classes

你和Bill将揭开对象模型的最后一角。

单件类是Ruby世界的UFO：虽然你从没亲眼见到，但到处都有它的痕迹。让我们从搜集证据着手调查吧。（接下来几页介绍了一些Ruby的高级特性，你可能需要一些时间消化。你可以先跳过这部分内容，直接进入“方法包装器”小节（第131页）。不过以后一定要回头再来学习这些内容。）

5.4.1 单件方法的神奇之处

The Mystery of Singleton Methods

Ruby 查找方法时先向右一步进入接收者的类，然后向上查找。例如：

```
class MyClass
  def my_method; end
end

obj = MyClass.new
obj.my_method
```

Ruby 会在 MyClass 类里找到要调用的 my_method 方法（见图 5-1）。

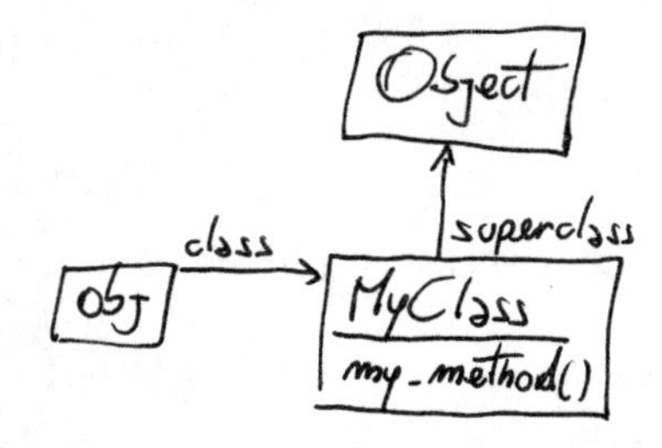

图 5–1 查找 my_method 方法

如果在 obj 上定义一个单件方法，会怎样？

```
def obj.my_singleton_method; end
```

你会发现图 5-1 里没有容纳 my_singleton_method 方法的地方。单件方法不在 obj 里，因为 obj 不是一个类。它也不在 MyClass 里，否则所有 MyClass 的实例都能共享它了。当然，它也不在 MyClass 的超类 Object 里。那么，单件方法究竟在哪里呢？类方法是单件方法的特例，它又在哪里呢（见图 5-2）？

```
def MyClass.my_class_method; end
```

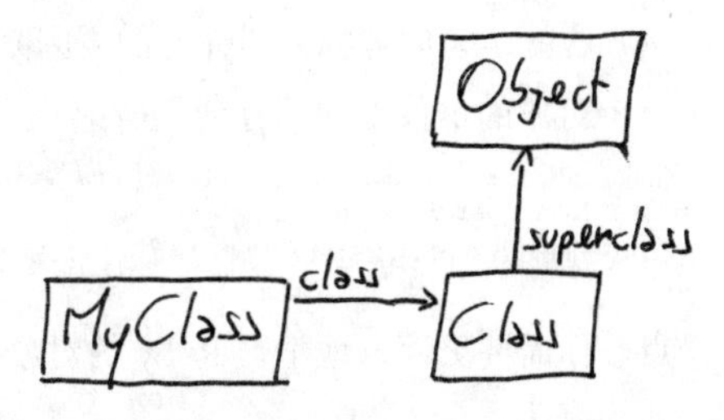

图 5–2 my_class_method 方法在哪里？

5.4.2 揭秘单件类

Singleton Classes Revealed

向对象询问它的类时，Ruby 并没有告诉你全部的真相。你得到的类并非你看到的类，而是一个对象特有的隐藏类。这个类被称为该对象的单件类，也有人叫它元类（metaclass）或本征类（eigenclass）。单件类是它的正式名称。

像 `Object#class` 这样的方法会小心翼翼地把单件类隐藏起来，但是你可以用迂回战术解决这个问题。Ruby 有一种特殊的基于 `class` 关键字的语法，可以让你进入该单件类的作用域：

```
class << an_object
  # 这里是你自己的代码
end
```

如果想获得这个单件类的引用，可以在离开该作用域时返回 `self`：

```
obj = Object.new

singleton_class = class << obj
  self
end

singleton_class.class          # => Class
```

这个狡猾的单件类想把自己藏起来，但是还是被我们找到了。

以往，Ruby 只能通过上面这种返回 `self` 的方式来获得单件类的引用。现在，可以很方便地通过 `Object#singleton_class` 方法来获得单件类的引用：

```
"abc".singleton_class # => #<Class:#<String:0x331df0>>
```

上面的例子还说明单件类也是类，是特殊的类。对于初学者来说，它一直都是不可见的，除非用 `Object#singleton_class` 方法或 `class<<`语法获得它。同时，每个单件类只有一个实例（这就是它们被称为单件类的原因），而且不能被继承。更重要的是，单件类是一个对象的单件方法的存活之所：

```
def obj.my_singleton_method; end
singleton_class.instance_methods.grep(/my_/) # => [:my_singleton_method]
```

为了理解最后这一点，你需要更深入地学习 Ruby 的对象模型。

5.4.3 补充方法查找

Method Lookup Revisited

为了帮助你更深入地理解对象模型，Bill 快速地写出了一个叫“小白鼠”的程序：

```
class C
  def a_method
    'C#a_method()'
  end
end

class D < C; end

obj = D.new
obj.a_method          # => "C#a_method()"
```

如果画出 obj 及其祖先链的图，那么它应该是图 5-3 的样子。（现在，暂时不用去考虑单件类和模块。）

方法查找的规则是“向右一步，然后向上查找”。调用 obj.a_method 方法时，Ruby 向右进入 obj 的类 D，从这里开始沿祖先链向上找，直到在类 C 找到 a_method 方法。接下来，让我们加上单件类。

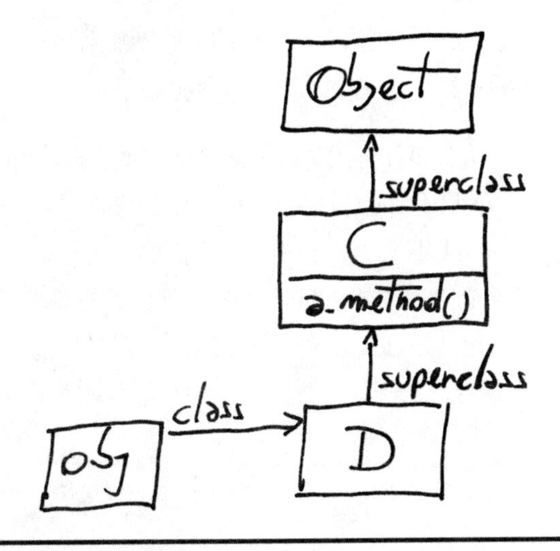

图 5-3 obj 及其祖先链

单件类和方法查找

当你探索单件类的时候，你可能已经注意到它们的名字很难阅读。当你在屏幕上打印一个单件类时，它看起来就像这样：

```
obj = Object.new
obj.singleton_class # => #<Class:#<Object:0x007fd96909b588>>
```

本书后面的部分将用#做前缀来表示一个单件类。在这种命名规则下，#Obj 表示 Obj 的单件类，#C 表示 C 的单件类。

有了singleton_class方法和新的命名规则，现在可以更方便地探索对象模型了。让我们回到那个“小白鼠”程序，给它定义一个**单件方法**（115）：

```
class << obj
  def a_singleton_method
    'obj#a_singleton_method()'
  end
end
```

现在来做一个试验。我们知道单件类是一个类，因此它必然有一个超类。哪个类是它的超类呢？

```
obj.singleton_class.superclass          # => D
```

obj 的单件类的超类是 D。我们把新发现的东西添加到“小白鼠”程序的对象模型图上，如图 5-4 所示。

现在我们知道如何查找单件方法了。如果对象有单件类，Ruby 不是从它所在的类开始查找，而是从对象的单件类中开始查找方法，这也是为什么把 obj#a_singleton_method这样的方法称为单件方法的原因。如果 Ruby 在单件类中找不到这个方法，那么它会沿着祖先链向上来到单件类的超类（这个对象所在的类）。从这里开始，一切又跟过去所学的一样了。

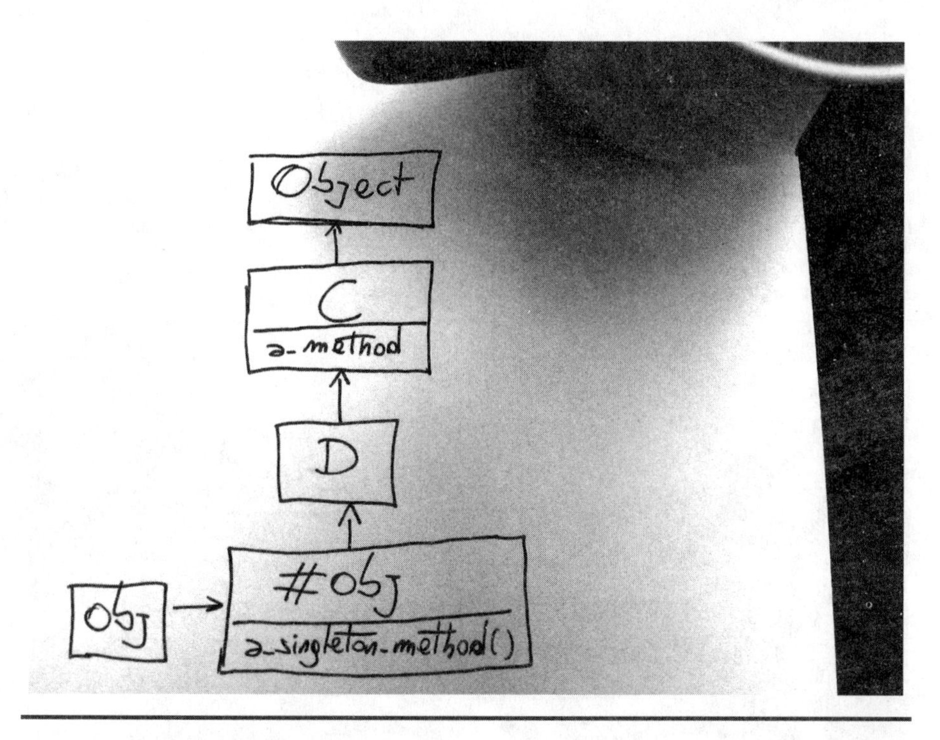

图 5-4 有单件类的方法查找

我们学习了单件方法是怎样工作的，那么类方法呢？虽然它们只是特殊的单件方法，但还是值得进一步研究。

单件类和继承

本节将探讨类、单件类和超类之间的关系。虽然这部分对象模型的知识很容易让初学者困惑，但只要你掌握了方法，就会觉得它很清晰，也很优雅。如果你还不是很明白，可以再看看对象模型图，或者打开 irb 亲自试验。

让我们为“小白鼠”程序加上一个类方法。

```
class C
  class << self
    def a_class_method
      'C.a_class_method()'
    end
  end
end
```

现在你可以探索这个对象模型了。（这里你需要注意，在 Ruby 2.1 里，单件类的可见度稍稍提高了一点。从这个版本开始，如果你向单件类索要它的祖先链，Ruby 回答的祖先链中会包含那些是单件类的类。而在 Ruby 2.1 之前，祖先链中只会出现那些普通的类。）

```
C.singleton_class                # => #<Class:C>
D.singleton_class                # => #<Class:D>
D.singleton_class.superclass     # => #<Class:C>
C.singleton_class.superclass     # => #<Class:Object>
```

Bill 在一张纸上画了图 5-5。

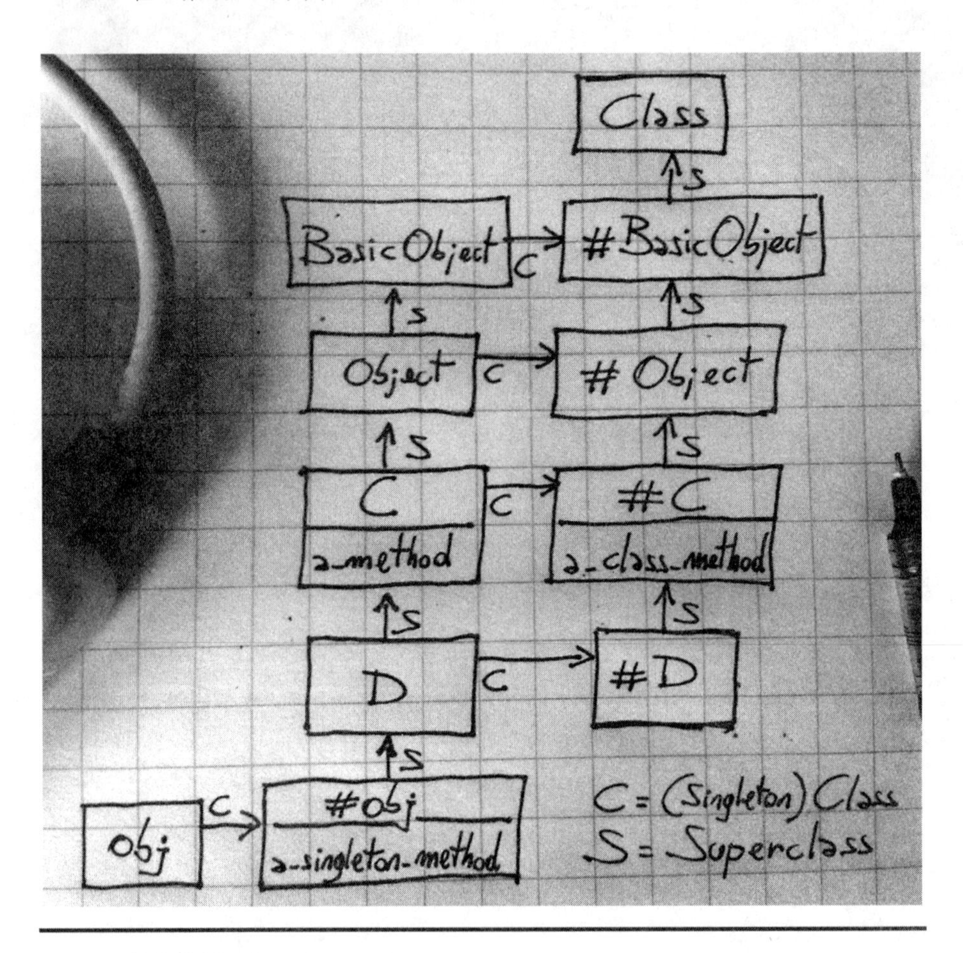

图 5-5 单件类和继承

图 5-5 看起来有点复杂，有 S 标记的箭头连接类和它们的超类；有 C 标记的箭头连接对象（也包括类）和它们的类，在本例中这些类都是单件类。这里 C 箭头所

指向的类并不是用 class 方法所返回的类，因为 class 方法根本不知道有单件类的存在。例如，obj.class 方法会返回 D，尽管 obj 的类实际上是它的单件类——#obj。

图 5-5 并没有包含模块，如果你是一个完美主义者，则可以把 Kernel 模块置于 Object 和 BasicObject 之间。不过，有些人可能不想把#Kernel 也加进来。尽管和其他对象一样，模块也有自己的单件类，但是 Kernel 的单件类并不是 obj 对象或者#D 祖先链上的一员。

显然，Ruby 很有条理地组织了类、单件类和超类。#D 的超类是#C，它也是 C 的单件类。根据同样的规则，#C 的超类是#Object。Bill 试图进行总结："单件类的超类就是超类的单件类，很简单吧"，但他的总结好像没有让事情变得更清晰。

这种组织类、超类和单件类的方式确实有点绕。为什么 Ruby 要用这么复杂的方式来组织对象模型呢？因为这种组织方式，可以让你在子类中调用父类的类方法：

```
D.a_class_method        # => "C.a_class_method()"
```

即使 a_class_method 定义在类 C 中，你还是可以在 D 中进行调用。这往往是你所期望的，不过，如果不是方法查找顺着#D 向上进入它的超类#C 发现这个方法，这种行为是不可能发生的。

很巧妙吧？现在你终于完整地掌握对象模型的知识了。

七条规则

Bill 最后总结道："Ruby 对象模型真是妙呀，这里有类、单件类和模块，还有实例方法、类方法和单件方法。"

表面上看起来，它很复杂。但只要掌握了规律，它就变得很清晰了。如果把单件类、普通类和模块放到一起，Ruby 对象模型一共有七条规则：

1. 只有一种对象——要么是普通对象，要么是模块。

2. 只有一种模块——可以是一个普通模块、一个类或者一个单件类。

3. 只有一种方法，它存在于一个模块中——通常是在一个类中。

二次元

单件类是类，类是对象，对象有单件类……你能看出接下来是什么吗？像其他对象一样，单件类也有自己的单件类：

```
class << "abc"
  class << self
    self          # => #<Class:#<Class:#<String:0x33552c>>>
  end
end
```

如果你发现了单件类的单件类在实际编程中的用途，一定要告诉全世界哦。

4. 每个对象（包括类）都有自己的“真正的类”——要么是一个普通类，要么是一个单件类。

5. 除了 `BasicObject` 类没有超类外，每个类有且只有一个祖先——要么是一个类，要么是一个模块。这意味着任何类只有一条向上的、直到 `BasicObject` 的祖先链。

6. 一个对象的单件类的超类是这个对象的类；一个类的单件类的超类是这个类的超类的单件类。（请把这个绕口令快速重复三遍！然后回头看看图 5-5，你会发现这句话很有道理。）

7. 调用一个方法时，Ruby 先向右迈一步进入接收者真正的类，然后向上进入祖先链。这就是 Ruby 查找方法的方式。

每个 Ruby 程序员都可能陷入对象模型的某个难题中。在这么复杂的体系中，哪个方法会首先被调用呢？或者，我能从这个对象中调用那个方法么？如果你遇到类似这样的问题，不妨回头看看上面七条规则，再自己动手画画图，应该很快就能找到答案。

恭喜你！你已经掌握 Ruby 对象模型的全部知识了！

类方法的语法

因为类方法只是生活在该类的单件类中的单件方法，所以现在有三种不同的方法来定义类方法。下面的代码演示了这三种方式：

```
def MyClass.a_class_method; end

class MyClass
  def self.another_class_method; end
end

class MyClass
  class << self
    def yet_another_class_method; end
  end
end
```

Ruby 高手往往不屑于使用第一种方式，因为这种方式重复了类的名字，会给重构带来不便。第二种方式的优点在于 `self` 存在于类定义之中，就代表类本身。第三种方式最诡异：它打开了该类的单件类，在那里定义类方法。这种方式明确表明单件类才是类方法真正的所在之处，它有可能为你赢得 Ruby 编程竞赛哦。

单件类和 instance_eval 方法

现在知道了单件类，就可以补上 `instance_eval` 方法中缺失的一环了。在“class_eval 方法”小节（参见第 107 页）中，你知道了 `instance_eval` 方法会修改 `self`，而 `class_eval` 会对 `self` 和当前类都进行修改。其实 `instance_eval` 方法也会修改当前类：它会把当前类修改为接收者的单件类。下面的例子使用 `instance_eval` 方法来定义一个**单件方法**（115）：

class_definitions/instance_eval.rb

```
s1, s2 = "abc", "def"

s1.instance_eval do
  def swoosh!; reverse; end
end

s1.swoosh!                  # => "cba"
s2.respond_to?(:swoosh!)    # => false
```

你可能很少碰到故意使用 `instance_eval` 方法修改当前类的例子（比如像上面这样）。`instance_eval` 方法的标准含义是：我想修改 `self`。

类属性

Bill 详尽的解释让你有点困惑。你说：“OK，我明白了单件类在对象模型中的作用，但是在实际编程中要怎样使用它呢？”

让我们看一个具体的例子，这个例子涉及**类宏**（117）。还记得 `attr_accessor` 方法么（参见第 116 页）？它能为任何对象创建属性：

class_definitions/class_attr.rb

```
class MyClass
  attr_accessor :a
end

obj = MyClass.new
obj.a = 2
obj.a              # => 2
```

但是，如果想给类创建属性呢？你也许会试图重新打开 `Class`，然后在那里定义属性：

```
class MyClass; end

class Class
  attr_accessor :b
end

MyClass.b = 42
MyClass.b          # => 42
```

虽然这样做可行，但它会给所有的类都添加这个属性。如果希望添加只属于 `MyClass` 的属性，就需要使用另一种方式。应该在它的单件类中定义这个属性：

```
class MyClass
  class << self
    attr_accessor :c
  end
end

MyClass.c = 'It works!'
MyClass.c                # => "It works!"
```

为了理解它是怎样工作的，请回忆一下，属性实际上只是一对方法。如果在单件类中定义了这些方法，那么它们实际上会成为类方法，比如下面的代码：

```
def MyClass.c=(value)
  @c = value
end

def MyClass.c
  @c
end
```

Bill 在纸上画了一张草图（见图 5-6），接着说：“你应该这样在类上定义一个属性。”

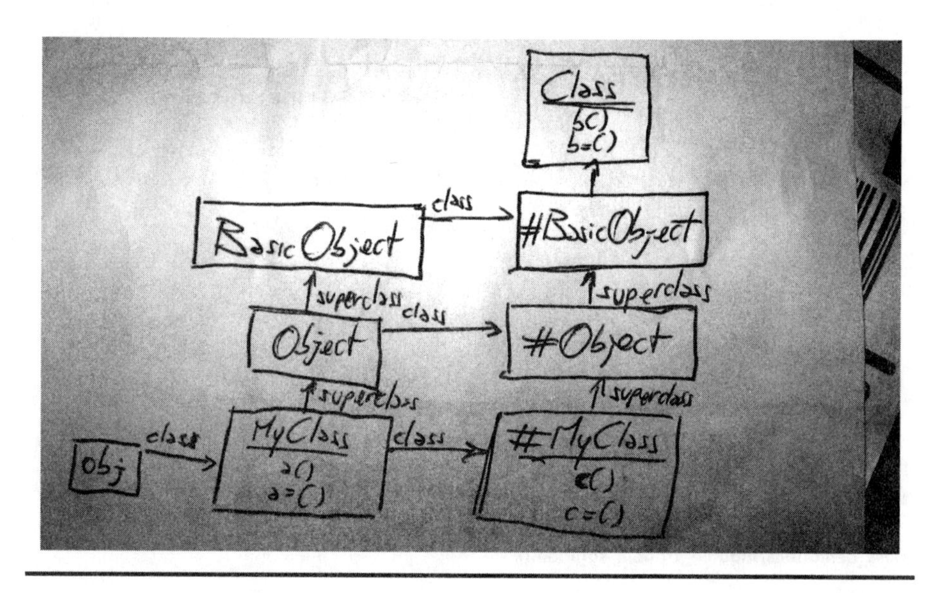

图 5-6 类属性存在于该类的单件类中

你从图 5-6 中看到另一个有趣的细节。`#BasicObject` 的超类不是别人，正是我们的老朋友 `Class`。这个事实解释了你为什么可以调用 `MyClass#b` 和 `MyClass#b=` 方法。

Bill 对自己的解释很满意："很酷吧？现在，让我们来做一个小测验！"

5.5 小测验：模块的麻烦
Quiz: Module Trouble

你将学到单件类和模块可以很好地融合在一起。

Bill 给你讲了一个故事："每一天，地球上的某个角落，都会有一个 Ruby 程序员试图用包含模块的方式来定义一个类方法。我自己也试过，但是没有成功。"

class_definitions/module_trouble_failure.rb

```ruby
module MyModule
  def self.my_method; 'hello'; end
end

class MyClass
  include MyModule
end

MyClass.my_method  # NoMethodError!
```

Bill 继续说道："你看，当一个类包含一个模块时，它获得的是该模块的实例方法——而不是类方法。类方法存在于模块的单件类中，依然无法触碰。"

"那么，你怎样解决这个问题呢？"你问道。"我没找到方法，没准儿你能找到答案。"Bill 回答道，脸有点红。想想对象模型和单件类，怎样修改代码才能让代码按照你期望的方式工作呢？

5.5.1 小测验答案

Quiz Solution

问题的答案很简单，同时也很精妙。首先，定义 my_method 方法，把它作为 MyModule 的一个普通实例方法。接着在 MyClass 的单件类中包含这个模块。

class_definitions/module_trouble_solution.rb

```
module MyModule
>  def my_method; 'hello'; end
end

class MyClass
>  class << self
>    include MyModule
>  end
end

MyClass.my_method          # => "hello"
```

my_method 方法是 MyClass 的单件类的一个实例方法，这样，my_method 方法也是 MyClass 的一个类方法。这种技巧称为**类扩展**（Class Extension）。

类扩展

Bill 惊叹道："太棒了！如果在普通的对象上使用这种技巧会怎样？"

类方法和 include 方法

类扩展通过向类的单件类中添加模块来定义类方法。类方法其实是单件方法的特例，因此你可以把这种技巧用到任意对象上。通常，这种技巧称为**对象扩展**（Object Extension）。在下面的例子中，obj 被 MyModule 的实例方法所扩展：

对象扩展

class_definitions/module_trouble_object.rb

```
module MyModule
  def my_method; 'hello'; end
end

obj = Object.new
```

```
class << obj
  include MyModule
end

obj.my_method              # => "hello"
obj.singleton_methods      # => [:my_method]
```

你也许觉得打开单件类来扩展类（或方法）的做法比较笨拙，下面来看看另外一种方案。

Object#extend 方法

类扩展（130）和**对象扩展**（130）的应用非常普遍，因此 Ruby 专门为它们提供了一个方法，称为 `Object#extend` 方法：

class_definitions/module_trouble_extend.rb

```
module MyModule
  def my_method; 'hello'; end
end

obj = Object.new
obj.extend MyModule
obj.my_method          # => "hello"

class MyClass
  extend MyModule
end

MyClass.my_method      # => "hello"
```

`Object#extend` 方法其实是在接收者的单件类中包含模块的快捷方式，如果你愿意，也可以这样做。

Bill 宣布："关于单件类，今天已经讲得够多了。我可不想得元头疼病，现在，我们还是继续重构书虫程序吧。"

5.6 方法包装器 Method Wrappers

你将学习如用一个方法包装另外一个方法——有三种方式。

一天的时间很快要过去了，你和 Bill 又发现了新问题。书虫程序的很多方法都使用了一个开源库从亚马逊（Amazon）网站上获取书评。下面是一个例子：

```
def deserves_a_look?(book)
  amazon = Amazon.new
  amazon.reviews_of(book).size > 20
end
```

这段代码大多数时间都能正常工作，但是它没有处理异常。如果远程调用Amazon服务失败，书虫程序需要记录这个问题并继续执行。虽然你和Bill可以为每个调用deserves_a_look?的方法都添加异常处理，但是这样的地方太多了，你们不想重复修改这么多次。

再总结一下这个问题：有一个不能直接修改的方法（它在一个库中），而你们希望为这个方法包装额外的特性，这样所有的客户端都能自动获得这个额外特性。这个问题有几种解决方式，但是在进一步学习之前，你需要先了解方法别名（method alias）。

5.6.1 方法别名

Around Aliases

使用alias关键字，可以给Ruby方法取一个别名：

class_definitions/alias.rb

```
class MyClass
  def my_method; 'my_method()'; end
  alias_method :m, :my_method
end

obj = MyClass.new
obj.my_method          # => "my_method()"
obj.m                  # => "my_method()"
```

在alias_method方法中，第一个参数是方法的新名字，第二个参数是方法的原始名字。你可以用符号表示这些名字，也可以用没有前置冒号的普通字符串。

（Ruby还提供了一个alias关键字，可以替代Module#alias_method方法。当你要在顶级作用域中修改方法时，需要使用alias关键字，因为这里的Module#alias_method方法不可用。）

继续上面的例子：

```
class MyClass
  alias_method :m2, :m
end
obj.m2                 # => "my_method()"
```

别名在 Ruby 中几乎随处可见，例如，`String#size` 就是 `String#length` 方法的一个别名；`Integer` 类有一个方法至少有五个不同的名字。（你能找出来吗？）

如果先给一个方法命名一个别名，然后又重定义了它，那会怎样？试试看：

class_definitions/wrapper_around_alias.rb

```
class String
  alias_method :real_length, :length

  def length
    real_length > 5 ? 'long' : 'short'
  end
end

"War and Peace".length          # => "long"
"War and Peace".real_length     # => 13
```

上面的代码重定义了 `String#length` 方法，但是别名方法引用的还是原始方法。这说明了重定义方法的工作方式。重定义方法时，并不真正修改这个方法。相反，你定义了一个新方法并把当前存在的这个方法名字跟它绑定。只要老方法还存在一个绑定的名字，仍旧可以调用它。

这种先定义别名再重定义方法的思想是一个有趣的技巧的基础。这种技巧值得用一个例子来说明。

Thor 的例子

Thor 是一个用来构建命令行程序的工具库。Thor 有一个名为 `rake2thor` 的程序，该程序可以把 Rake 的构建文件转换为 Thor 的脚本。要做到这点，`rake2thor` 要加载一个 Rakefile，并且把 Rakefile 中使用 `require` 语句引用的文件名保存起来。下面的代码展示了这个过程：

gems/thor-0.17.0/bin/rake2thor

```
input = ARGV[0] || 'Rakefile'
$requires = []

module Kernel
  def require_with_record(file)
    $requires << file if caller[1] =~ /rake2thor:/
    require_without_record file
  end
  alias_method :require_without_record, :require
  alias_method :require, :require_with_record
end

load input
```

上面的代码使用全局数组保存所需的文件名，接着打开 `Kernel` 模块，使用了一些方法别名的小技巧，最后加载了 Rakefile。下面重点看看代码的中间部分（与 `Kernel` 相关的部分）。为了弄明白这些代码的含义，我们稍稍简化一下原始代码：

```
module Kernel
  alias_method :require_without_record, :require

  def require(file)
    $requires << file if caller[1] =~ /rake2thor:/
    require_without_record file
  end
end
```

上面的代码用到了**打开类**（14）技巧。它做了三件事情：首先，给标准的 `Kernel#require` 方法添加别名（`require_without_record`）；其次，为 Kernel 模块打了**猴子补丁**（16），重新定义 `require` 方法，让它把 Rakefile 包含的文件名存储在全局数组中（通过 `Kernel#caller` 方法获得调用堆栈，如果调用堆栈中的第二个调用者是 `rake2thor` 方法自己，则意味着那个 Rakefile 必然处在调用堆栈的首位——也就是真正调用 `require` 方法的对象。）；最后，新定义的 `require` 方法会调用原始的 `require` 方法（现在改叫 `require_without_record` 方法了）。

相比这个简化的版本，原始的 `rake2thor` 还多做了一步：它给新创建的 `require` 方法添加了一个别名——`require_with_record`。这个别名会让方法调用更加明确，不过这两个版本的结果基本上是一样的：`Kernel#require` 方法被更改了，新的 `require` 方法像环绕在老的 `require` 方法之外，包装了新的功能。这就是这个技巧称为**环绕别名**（Around Alias）的原因。

环绕别名

可以通过如下三步来编写环绕别名：

1. 给方法定义一个别名。
2. 重定义这个方法。
3. 在新的方法中调用老的方法。

环绕别名的一个缺点在于它污染了你的类，为它添加了一个额外的名字。要解决这个小问题，可以在添加别名之后，想办法把老版本的方法变成私有的。Ruby 的公有（public）和私有（private）实际上针对的是方法名，而非方法本身。

环绕别名的另外一个潜在危险与加载相关。除非你希望在调用方法时出现异常，否则永远不要尝试加载（load）两次环绕别名。你看出原因了么？

然而，环绕别名最主要问题在于它是一种猴子补丁。像所有的猴子补丁一样，它有可能破坏已有的代码。因此，Ruby 2.0 增加了两种额外的方式来为已有方法包装新的功能。

5.6.2 更多的方法包装器

More Method Wrappers

我们已经知道**细化**（36）可以把一段代码直接加入一个类中。细化还有一个额外的功能，可以用来替换环绕别名。如果在细化的方法中调用 `super` 方法，则会调用那个没有细化的原始方法。下面是一个例子：

class_definitions/wrapper_refinement.rb

```ruby
module StringRefinement
  refine String do
    def length
      super > 5 ? 'long' : 'short'
    end
  end
end

using StringRefinement

"War and Peace".length          # => "long"
```

上面的代码细化了 `String` 类，它为 `length` 方法包装了额外的功能。像其他细化技术一样，**细化封装器**（Refinement Wrapper）的作用范围只到文件末尾处（在 Ruby 2.1 中，是在模块定义的范围之内）。这让细化封装器比等价的环绕别名方法更安全，因为环绕别名是全局性的。

细化封装器

最后看看第三种方法包装的技术：使用 Module#prepend 方法。这个方法之前介绍过（参见第 30 页）。`Module#prepend` 方法与 `include` 方法类似，但它会把包含的模块插在祖先链中该类的下方，而非上方。这意味着被 prepend 方法包含的模块可以覆写该类的同名方法，同时可以通过 `super` 调用该类中的原始方法：

class_definitions/wrapper_prepend.rb

```ruby
module ExplicitString
  def length
    super > 5 ? 'long' : 'short'
  end
end

String.class_eval do
  prepend ExplicitString
end
```

```
"War and Peace".length          # => "long"
```

下包含包装器

可以称这种技术为**下包含包装器**（Prepended Wrapper）*。与细化封装器相比，它不是一种局部化的技巧，但是一般认为它比细化封装器和环绕别名都更明晰。

学习了这么多知识点，让我们赶紧回头看看书虫的源代码吧。

5.6.3 解决 Amazon 难题
Solving the Amazon Problem

还记得为什么要讨论方法包装器么？你和 Bill 希望为 Amazon#reviews_of 方法增加日志和异常处理能力。可以用环绕别名、细化封装器、下包含包装器中的任意一种来解决这个问题。第三种最清晰，不但避免了使用猴子补丁，也无须考虑古怪的细化规则：

class_definitions/bookworm_wrapper.rb

```
module AmazonWrapper
  def reviews_of(book)
    start = Time.now
    result = super
    time_taken = Time.now - start
    puts "reviews_of() took more than #{time_taken} seconds" if time_taken > 2
    result
    rescue
    puts "reviews_of() failed"
    []
  end
end

Amazon.class_eval do
  prepend AmazonWrapper
end
```

就在你欣赏这段精巧的代码时，Bill 发给你一个小测验。

5.7 小测验：打破数学规律
Quiz: Broken Math

你将让一加一不等于二。

绝大多数 Ruby 操作符实际上是方法。例如，整数的+操作符只是名为 Fixnum#+方法的语法糖而已。编写 `1 + 1` 时，解析器会把它转换为 `1.+(1)`。

* 译注：根据包含的模块在祖先链中位置，把 include 译成上包含，而把 prepend 译成下包含。

方法可以重定义。请你重定义 Fixnum#+()方法，让加法的正确结果再加 1。例如：

```
1 + 1          # => 3
```

5.7.1 小测验答案 Quiz Solution

可以使用**打开类**（14）解决这个问题。只要打开 Fixnum 类，重定义+方法，让（x+y）的结果返回（x+y+1）即可。不过要小心，这并不像看上去那么简单，因为新的+方法依赖于旧的+方法，所以需要使用**环绕别名**（134）：

class_definitions/broken_math.rb

```ruby
class Fixnum
  alias_method :old_plus, :+

  def +(value)
    self.old_plus(value).old_plus(1)
  end
end
```

现在你拥有了修改 Ruby 算数运算的能力，可要慎用这种能力啊！

5.8 小结 Wrap-Up

今天学了不少东西，下面做个小结：

- 你看到了类定义对 self（当调用方法时默认的接收者）和当前类（你定义方法的默认所在地）的影响。
- 你熟悉了**单件方法**（115）和单件类，重新认识了对象模型和方法查找。
- 在你的魔法箱中又增加了几样法术，包括类**实例变量**（110）、**类宏**（117）和**下包含包装器**（136）。

另外，别忘了我们今天说“类”的时候，实际上是指“类或模块”。你学到的关于类的所有知识都可以运用到模块上：“当前类”可以是一个模块，“类实例变量”可以是一个“模块实例变量”，等等。

今天对 Ruby 对象模型的探讨可真是深入啊。下班前，Bill 说明天将编写更多的代码。

第 6 章

星期五：编写代码的代码

Friday: Code That Writes Code

虽然学习了很多元编程的神奇法术，但“元”这个概念可能让你更加困惑了。元编程最初的含义是“编写能写代码的代码”，不过这并不适用于本书所讲的每一种技巧。

对于元编程，目前还没有统一的定义。元编程像是一个包罗万象的魔法包，所有跟 Ruby 对象模型相关的东西都包含其中。而将几种法术组合起来使用时，威力往往会更加强大。

今天会学习几个新法术，其中一个就是“编写代码的代码”。另外，你还会学习如何把几种法术组合在一起使用。

6.1 通向周末的编程之路 Coding Your Way to the Weekend

老板给你们出了个难题，要求你们写出比她的代码更好的代码。

刚上班，老板就来找你和 Bill：“我看了你们的代码，干得不错。这也激发了我对元编程的兴趣。昨晚我遇到了一个难题，你们能不能帮帮我呀？”

有这么一位曾经做过程序员的老板还真是一件麻烦事。不过，老板的要求总是很难拒绝的。

6.1.1 老板的任务

The Boss' Challenge

老板说："自从知道了 attr_accessor 方法（参见第116页），我就一直用它创建对象属性。昨天我突然想写一个**类宏**（117），它的功能与 attr_accessor 相似，但是会创建经过校验的属性。我称之为 attr_checked 方法。"

老板说 attr_checked 方法可以接受属性名和代码块，代码块用来进行校验。如果对一个属性赋值，而代码块没有返回 true，就会抛出运行时异常。

老板接着又说了第二个需求："我不希望 attr_checked 在每个类中都可用，因为我不想把标准库搞得乱七八糟。我希望只有当类包含 CheckedAttributes 模块时，它才拥有这样的能力。"她给出了一个例子：

```
class Person
>  include CheckedAttributes

   attr_checked :age do |v|
     v >= 18
   end
end

me = Person.new
me.age = 39          # OK
me.age = 12          # 抛出异常
```

你今天的任务就是为老板编写 CheckedAttributes 模块和 attr_checked 方法。

6.1.2 开发计划

A Development Plan

老板的任务很难一下子搞定。Bill 建议分工完成任务：他管开发，你负责写代码。你还没想明白管开发究竟是一项什么工作，Bill 已经为你列出了工作计划：

1. 使用 eval 方法编写一个名为 add_checked_attribute 的**内核方法**（32），用来为类添加一个最简单的经过校验的属性。

2. 重构 add_checked_attribute 方法，去掉 eval 方法。

3. 通过代码块来校验属性。

4. 把 add_checked_attribute 方法修改为名为 attr_checked 的类宏，它对所有类可用。

5. 写一个模块，通过钩子方法为指定的类添加 attr_checked 方法。

Bill 提示说："你先要学习两个知识点：一个是 eval 方法，另一个是钩子方法。"他打算先教你 eval 方法，稍后再教你钩子方法。

6.2 Kernel#eval 方法

Kernel#eval

从底层看，代码只是文本而已。

你已经知道了 instance_eval 方法（参见第 84 页）和 class_eval 方法（参见第 107 页），现在来看看*eval 家族的第三个成员——eval 方法（它也是一个内核方法）。Kernel#eval 方法在这三个方法中是最直接的。它没有使用代码块，而是直接使用包含 Ruby 代码的字符串，简称为**代码字符串**（String of Code）。Kernel#eval 方法会执行字符串中的代码，并返回执行结果：

代码字符串

ctwc/simple_eval.rb

```
array = [10, 20]
element = 30
eval("array << element") # => [10, 20, 30]
```

这样执行一段 Ruby 代码文本没什么实际意义，但是，当在运行时计算代码字符串时，eval 方法的威力就会显现出来。下面是一个例子。

6.2.1 REST Client 的例子

The REST Client Example

REST Client（通过 gem install rest-client 安装）是一个简单的 HTTP 客户端库。它包含一个简单的解释器，这里可以把 Ruby 命令和 HTTP 方法（比如 get 方法）混合在一起：

```
restclient http://www.twitter.com

> html_first_chars = get("/")[0..14]
=> "<!DOCTYPE html>"
```

查看这个类库的源代码，会发现 get 方法和其他三个 HTTP 方法一道定义在 Resource 类中：

gems/rest-client-1.6.7/lib/restclient/resource.rb

```
module RestClient
  class Resource
    def get(additional_headers={}, &block) # ...
    def post(payload, additional_headers={}, &block) # ...
    def put(payload, additional_headers={}, &block) # ...
    def delete(additional_headers={}, &block) # ...
```

为了让 `get` 等方法在解释器上可用，REST Client 定义了四个顶级方法，它们会把对自己的调用转发给与 URL 对应的 `Resource` 对象中的相应方法。例如，顶级的 `get` 方法用下面的方式将调用转发给 `Resource` 对象（由 `r` 方法返回）：

```
def get(path, *args, &b)
  r[path].get(*args, &b)
end
```

你也许想看看顶级 `get`、`put`、`post`、`delete` 方法的定义。REST Client 并没有一个一个地定义这些方法，而是通过执行代码字符串的方式在一个循环中定义了所有这些方法：

gems/rest-client-1.6.7/bin/restclient

```
POSSIBLE_VERBS = ['get', 'put', 'post', 'delete']

POSSIBLE_VERBS.each do |m|
  eval <<-end_eval
    def #{m}(path, *args, &b)
      r[path].#{m}(*args, &b)
    end
  end_eval
end
```

上面的代码中使用了一种特殊的字符串语法，称为 here 文档（here document），也可以简称为 heredoc。在 `eval` 之后紧跟着一个字符串，尽管它没有用引号方式表示。它以一个双小于号（<<）打头，后面紧跟称为“结束序列（termination sequence）”的字符组（本例中是 `end_eval`）。在此之后可以定义字符串的内容，直到碰到只包含结束序列的行时，字符串定义才结束。因此，上面的字符串是从 `def` 开始，到 `end` 结束。上面的代码用普通的字符串替换用来生成四种 HTTP 方法 `get`、`put`、`post` 和 `delete` 的代码字符串，然后用 `eval` 方法执行。

大多数代码字符串技术都会使用某种方式的字符串替换，甚至还可以从外部传入一个任意的代码字符串给 eval 方法，这样就可以创建一个简单的 Ruby 解释器。

要想充分利用 `Kernel#eval` 方法，还应该对 `Binding` 类有所了解。

6.2.2 绑定对象

Binding Objects

Binding 就是一个用对象表示的完整作用域。可以通过创建 Binding 对象来捕获并带走当前的作用域。然后，可以通过 eval 方法在这个 Binding 对象所携带的作用域中执行代码。Kernel#binding 方法可以用来创建 Binding 对象：

ctwc/bindings.rb

```
class MyClass
  def my_method
    @x = 1
    binding
  end
end

b = MyClass.new.my_method
```

可以把 Binding 对象看做是比块更“纯净”的闭包，因为它们只包含作用域而不包含代码。对于 eval 方法，可以给它传递一个 Binding 对象作为额外的参数，代码就可以在这个 Binding 对象所携带的作用域中执行：

```
eval "@x", b          # => 1
```

Ruby 还提供了一个名为 TOPLEVEL_BINDING 的预定义常量，它表示顶级作用域的 Binding 对象。你可以在程序的任何地方访问这个顶级作用域：

```
class AnotherClass
  def my_method
    eval "self", TOPLEVEL_BINDING
  end
end

AnotherClass.new.my_method          # => main
```

Pry 类库（参见第 49 页）就很好地利用了绑定对象技术。Pry 定义 Object#pry 方法时，在规定对象作用域中打开一个交互会话，这与 irb 的嵌套会话功能类似。你可以使用这个功能实现某种调试器（debugger）：不是设置断点，而是在当前绑定对象上调用 pry 方法，如下面代码所示：

```
# code...
require "pry"; binding.pry
# more code...
```

调用 binding.pry 方法会在当前绑定上打开一个 Ruby 解释器，正好处在当前的进程之中。从这里开始，你可以按照自己的意愿读取和修改变量。当希望退出这个解释器时，只需要键入 exit 命令，程序就会继续运行。由于这个特性，Pry 可以很好地替代传统调试器。

Pry 并非是唯一使用绑定对象的命令行解释器，下面来看看 Ruby 默认的命令行工具：irb。

6.2.3 irb 的例子

The irb Example

irb 的核心是一个简单的程序，它解析控制台（或文件）输入，再把每一行代码传给 eval 方法执行。这种类型的程序有时被称为**代码处理器**（Code Processor）。在 irb 源代码的 workspace.rb 文件中，可以找到这条调用 eval 方法的语句：

代码处理器

```
eval(statements, @binding, file, line)
```

statements 参数表示一行 Ruby 代码，剩下的三个可选参数表示什么呢？

eval 方法的第一个可选参数是一个 Binding 对象，irb 可以通过这个参数在不同的上下文中执行代码。例如，在一个特定对象中打开一个嵌套 irb 会话时，就会发生这种情况。irb 通过设置这个 Binding 对象，可以在这个对象所在的上下文中执行你的命令，这与 instance_eval 方法的工作方式很像。

剩下的 file 和 line 有什么作用呢？它们在发生异常时可以用来跟踪调用栈信息。可以使用一个抛出异常的程序来检测它们是如何工作的：

ctwc/exception.rb

```
# 文件的第二行会抛出一个异常
x = 1 / 0
```

在提示符下输入 irb exception.rb 执行这个程序，会在第2行得到一个异常：

```
< ZeroDivisionError: divided by 0
    from exception.rb:2:in `/'
```

irb 调用 eval 方法时，会把当前处理代码所在的文件和行号作为参数传入。这样你在异常堆栈中就可以看到正确的信息了。你可以修改 irb 的源代码，去掉 eval 调用的最后两个可选参数试试（记得最后要改回来哦）：

```
eval(statements, @binding) # , file, line)
```

再执行 irb exception.rb 命令，看看 eval 调用异常时报告的文件和行号：

```
< ZeroDivisionError: divided by 0
  from /Users/nusco/.rvm/rubies/ruby-2.0.0/lib/ruby/2.0.0/irb/
workspace.rb:54:in `/'
```

编写代码处理器时，这种处理调用堆栈的技巧特别有用。不过，执行**代码字符串**（141）时最好带上这些上下文参数，发生异常时才方便查看。

6.2.4 对比代码字符串与块
Strings of Code vs. Blocks

我们已经知道 eval 方法是*eval 方法家族中的一员，但它与 instance_eval 和 class_eval 不同，它只能执行**代码字符串**（141），不能执行代码块。然而，你还不知道 instance_eval 和 class_eval 除了执行代码块，也可以执行代码字符串。

毕竟，字符串中的代码与代码块中的代码并没有太大的区别。代码字符串甚至可以像块那样访问局部变量：

```
array = ['a', 'b', 'c']
x = 'd'
array.instance_eval "self[1] = x"

array # => ["a", "d", "c"]
```

代码字符串和代码块类似，应该选择谁呢？请记住，能用代码块就尽量用代码块。下面会分析原因。

6.2.5 eval 方法的麻烦
The Trouble with eval

代码字符串非常强大，但是能力越大责任也就越大——同时危险也更大。

首先，代码字符串往往不能利用编辑器的功能特性，比如语法高亮和自动完成。即使能接受这个缺点，代码字符串也难以阅读和修改。另外，Ruby 在执行字符串前不会对它进行语法检查，这容易导致程序在运行时出现意想不到的错误。

不过，这些麻烦与 eval 方法最大的问题——安全性——比较起来根本不算什么。这个问题需要更深入地讨论。

代码注入

假设你记不清 Array 类中数不清的方法，为了检查你记忆中的方法是否正确，可以写一个基于 eval 方法的工具（array explorer）来查看某个方法是否存在于一个数组中：

ctwc/array_explorer.rb

```
def explore_array(method)
  code = "['a', 'b', 'c'].#{method}"
  puts "Evaluating: #{code}"
  eval code
end

loop { p explore_array(gets()) }
```

最后一行无限循环代码用于收集来自输入设备的字符串，这些字符串作为 explore_array 方法的输入。explore_array 方法把这些字符串转换成对一个数组对象的调用。例如，如果给 explore_array 方法传入"revert()"字符串，它就会执行字符串"['a', 'b', 'c'].revert()"。

现在可以对它进行测试了：

```
⇒ find_index("b")
< Evaluating: ['a', 'b', 'c'].find_index("b")
  1

⇒ map! {|e| e.next }
< Evaluating: ['a', 'b', 'c'].map! {|e| e.next }
  ["b", "c", "d"]
```

作为一个喜欢分享的人，你想把这个程序扩展成 web 应用，让所有人都来用。你做了一个 web 页面，以方便网友测试数组的方法。

这个奇妙的网站迅速传播开来，直到某个用户输入了这样一个字符串：

```
⇒ object_id; Dir.glob("*")
< ['a', 'b', 'c'].object_id; Dir.glob("*") => [你的私有信息暴露在这里]
```

他输入的是一个不太常用的数组方法，后面跟着列出你程序目录下所有文件的命令。好恐怖！恶意用户现在可以在你的机器上执行任何代码，甚至可以格式化你的硬盘。这种行为称为代码注入攻击（code injection attack）。

防止代码注入

怎样才能保护你的代码免受代码注入攻击呢？你可以解析所有的**代码字符串**（141），找出可能有危险的操作。不过，这种方式不太有效，因为恶意代码的写法成千上万。要想战胜一心一意搞破坏的黑客可不容易。

对代码注入来说，只有从外面输入的字符串才可能包含恶意代码，因此你可以限制 `eval` 方法只执行那些你自己写的字符串。REST Client（参见第 141 页）就是这样做的。然而，在更复杂的程序和环境里，追踪字符串的来源可能会出乎意料的困难。

由于以上原因，有些程序员完全禁止使用 `eval` 方法。程序员对可能出错的东西都紧张兮兮的，因此禁止使用 `eval` 方法成了非常流行的做法。

如果不用 `eval` 方法，则只能根据具体问题来寻找替代方法。例如，前面提到的 REST Client 的例子使用了 `eval` 方法，你可以用**动态方法**（51）和**动态派发**（48）进行替换：

ctwc/rest_client_without_eval.rb

```
POSSIBLE_VERBS.each do |m|
  define_method m do |path, *args, &b|
    r[path].send(m, *args, &b)
  end
end
```

同样，你也可以用动态派发重写第 146 页的 array explorer。

ctwc/array_explorer_without_eval.rb

```
def explore_array(method, *arguments)
  ['a', 'b', 'c'].send(method, *arguments)
end
```

不过，有时你还是会怀念 `eval` 方法的。例如，这个安全版本的 array explorer 不允许用户调用接受代码块的方法。如果要支持代码块，就不得不允许在系统中输入任意的代码字符串。

在大量使用 `eval` 方法和完全不用 `eval` 方法之间很难找到一个平衡点。不过，如果你不想完全放弃 `eval` 方法，Ruby 也提供了一些让它变得更安全的使用方式。

下面我们来看看这些安全的使用方式。

污染对象和安全级别

Ruby 会自动把不安全的对象（尤其是从外部传入的对象）标记为污染对象。污染对象包括程序从 web 表单、文件、命令行读入的字符串，甚至包括系统变量。从污染字符串运算得来的新字符串也是污染的。下面的例子通过调用 tainted?方法来判断一个对象是不是被污染了：

ctwc/tainted_objects.rb

```
# 读取用户输入
user_input = "User input: #{gets()}"
puts user_input.tainted?
```

```
⇛ x = 1
< true
```

如果每次都要检查字符串是否被污染，那就太麻烦了。好在 Ruby 还提供了一种叫做安全级别的特性，它能很好地弥补污染对象判断的不足。只要你设置了一个安全级别（可以通过给$SAFE 全局变量赋值来实现），就能禁止某些潜在的危险操作。

有四个安全级别可供选择，从默认的 0（这里像游乐园，你可以撞树，也可以格式化硬盘）到 3（这里像军事管制区，你创建的每一个对象都是被污染的）。

例如，安全级别 2 禁止绝大多数与文件相关的操作。值得注意的是，在任何大于 0 的安全级别上，Ruby 都会拒绝执行污染的字符串：

```
$SAFE = 1
user_input = "User input: #{gets()}"
eval user_input
```

```
⇛ x = 1
< SecurityError: Insecure operation - eval
```

在 Ruby 2.0 和之前的版本里还有一个安全级别 4，在这个级别下，你甚至不能自由地退出程序。不过，这个极端的安全级别并不能像预想的那样保证安全性，所以 Ruby 2.1 去掉了这个安全级别。

为了调节安全性，你可以在执行代码字符串之前去除它的污染性（通过调用 Object#untaint 方法），然后依赖安全级别来禁止诸如文件操作这样的危险动作。

通过谨慎使用安全级别，你可以为 eval 方法创造一个可控的环境。像这样的

环境称为**沙盒**（Sandbox），让我们看看一个实际使用的沙盒。 沙盒

ERB 的例子

ERB 标准库是 Ruby 默认的模板系统。它是一个**代码处理器**（144），可以把 Ruby 代码嵌入任何文件里，比如，下面就是一个包含了一段 HTML 的模板：

ctwc/template.rhtml

```
<p><strong>Wake up!</strong> It's a nice sunny <%= Time.new.strftime("%A") %>.</p>
```

这个特殊的`<%=...>`标签中包含嵌入式 Ruby 代码。把这个模板传给 ERB，其中的代码就会被执行：

ctwc/erb_example.rb

```
require 'erb'
erb = ERB.new(File.read('template.rhtml'))
erb.run
```

```
< <p><strong>Wake up!</strong> It's a nice sunny Friday.</p>
```

在 ERB 源代码的某处，必然有一个方法用于从模板中提取 Ruby 代码，然后传给 `eval` 方法执行。果然，就在这儿：

```
class ERB
  def result(b=new_toplevel)
    if @safe_level
      proc {
        $SAFE = @safe_level
        eval(@src, b, (@filename || '(erb)'), 0)
      }.call
    else
      eval(@src, b, (@filename || '(erb)'), 0)
    end
  end
  #...
```

`new_toplevel` 方法返回 `TOPLEVEL_BINDING` 的一个拷贝。`@src` 实例变量中是代码标签中的代码内容，而`@safe_level` 实例变量包含用户要求的安全级别。如果没有设置安全级别，标签中的内容就会直接被运行。反之，ERB 会立刻创建一个沙盒，它确保全局安全级别是用户所要求的级别，同时会使用 `Proc` 作为**洁净室**（87），并在这个隔离的作用域中执行代码。（注意新的安全级别只在那个 `proc` 中有效，在 `proc` 调用结束后，Ruby 解释器会把安全级别恢复到原先的值。）

Bill 说道："你已经学习了 `eval` 方法和它的危险性。不过 `eval` 方法的妙处在

于它可以快速获得代码并运行。你可以用它完成第一步任务：为老板写属性生成器。”

Kernel#eval 方法和 Kernel#load 方法

Ruby 中有像 Kernel#load 和 Kernel#lrequire 这样的方法，它们接受文件名作为参数，然后执行那个文件中的代码。想想看，运行一个文件和运行一个字符串并没有太大的区别，这意味着 load 和 require 其实跟 eval 方法相似。尽管这些方法不属于*eval 方法家族，也可以认为它们是远亲。

由于你可以控制自己文件的内容，所以使用 load 和 require 方法时通常不像使用 eval 方法那样有那么多的安全顾虑。不过，在安全级别大于 1 时，导入文件时也会受到一些限制。比如，在安全级别等于 2 时，你就不能用一个污染的文件名调用 load 方法。

6.3 小测验：校验过的属性（第一步）
Quiz: Checked Attributes (Step 1)

你将迈出完成老板任务的第一步。

你和 Bill 回顾了开发计划的前两步：

1. 使用 eval 方法编写一个名为 add_checked_attribute 的**内核方法**（32），用来为类添加一个最简单的经过校验的属性。

2. 重构 add_checked_attribute 方法，去掉 eval 方法。

先看第一步。add_checked_attribute 方法应该产生一个读方法和一个写方法，就像 attr_accessor 方法那样。然而，add_checked_attribute 方法应该在三个方面与 attr_accessor 方法有所区别。首先，attr_accessor 方法是一个**类宏**（117），而 add_checked_attribute 方法应该只是一个简单的**内核方法**（32）。其次，add_attribute 方法由 C 语言编写，而 add_checked_attribute 方法使用 Ruby 和**代码字符串**（141）来实现。最后，add_checked_attribute 方法应该实现最基本的校验：当给某个属性赋值 nil 或 false 时，应该会抛出一个运行时异常。

这些需求可以通过一组测试清晰地表示出来：

ctwc/checked_attributes/eval.rb

```
require 'test/unit'

class Person; end

class TestCheckedAttribute < Test::Unit::TestCase
  def setup
    add_checked_attribute(Person, :age)
    @bob = Person.new
  end

  def test_accepts_valid_values
    @bob.age = 20
    assert_equal 20, @bob.age
  end

  def test_refuses_nil_values
    assert_raises RuntimeError, 'Invalid attribute' do
      @bob.age = nil
    end
  end

  def test_refuses_false_values
    assert_raises RuntimeError, 'Invalid attribute' do
      @bob.age = false
    end
  end
end

# 在这里定义你要实现的方法
def add_checked_attribute(klass, attribute)
  # ...
end
```

add_checked_attribute 方法中表示类的参数命名为 klass，这是因为 class 是 Ruby 的保留字。你能实现 add_checked_attribute 方法并让它通过测试么？

6.3.1 在解答小测验之前

Before You Solve This Quiz

你要像 attr_accessor 方法那样创建一个属性，不妨看看 attr_accessor 的代码。我们曾讨论过 attr_accessor 方法（参见第 116 页）。告诉 attr_accessor 方法你需要一个叫 my_attr 的属性时，它会创建两个像这样的**拟态方法**（218）：

```
def my_attr
  @my_attr
end

def my_attr=(value)
  @my_attr = value
end
```

6.3.2 小测验答案

Quiz Solution

下面是解决方案：

```
def add_checked_attribute(klass, attribute)
>   eval "
>     class #{klass}
>       def #{attribute}=(value)
>         raise 'Invalid attribute' unless value
>         @#{attribute} = value
>       end
>
>      def #{attribute}()
>         @#{attribute}
>       end
>     end
>   "
end
```

下面是你调用 `add_checked_attribute(String, :my_attr)`:方法时执行的代码字符串（141）：

```
class String
  def my_attr=(value)
    raise 'Invalid attribute' unless value
    @my_attr = value
  End

  def my_attr()
    @my_attr
  end
end
```

这里，`String` 类成了一个**打开类**（14），它得到了两个新方法。这些方法和用 `attr_accessor` 方式生成的几乎完全一样，只是在用 `nil` 或 `false` 调用 `my_attr=` 方法时，它会抛出一个异常。

Bill 说：“这是一个好的开始，但是还记得我们的计划么？我们只是用 `eval` 方法来快速通过单元测试，并不想用 `eval` 方法作为最终的解决方案。现在让我们进入第二步。”

6.4 小测验：校验过的属性（第二步）

Quiz: Checked Attributes (Step 2)

你将去掉代码中的 eval 方法。

你瞥了一眼开发计划，第二步要重构 `add_checked_attribute` 方法，把 `eval` 方法用普通的 Ruby 方法替换掉。

你也许还不明白为什么非要去掉 `eval` 方法。如果只有你和同事使用 `add_checked_attribute` 方法，它怎么会成为代码注入攻击的目标呢？问题的关键在于，你不知道这个方法未来是不是会暴露给外界。另外，如果不用**代码字符串**（141）这个方法会变得更清楚、更优雅。这两点足以成为你去掉 `eval` 方法的动力。

你要使用标准的 Ruby 方法，同时使用与 `add_checked_attribute` 方法一样的接口，并保证通过同样的单元测试。你能做到么？给你一点提示，要解决这个问题，你需要到 Ruby 标准库里寻找替代方法，同时还要小心作用域，保证定义的属性处在目标类的上下文里。还记得**扁平作用域**（83）么？

6.4.1 小测验答案

Quiz Solution

要在类中定义方法，需要进入该类的作用域。之前的 `add_checked_attribute` 方法在代码字符串中通过**打开类**（14）实现了这一点。如果不用 `eval` 方法，就不能继续使用 `class` 关键字，因为 `class` 不接受变量作为类名。此时，可以用 `class_eval` 方法进入类的作用域。

ctwc/checked_attributes/no_eval.rb

```
  def add_checked_attribute(klass, attribute)
>   klass.class_eval do
>     # ...
>   end
  end
```

现在你进入这个类中了，可以在这里定义读/写方法。之前，你是在代码字符串中使用 `def` 关键字来完成这个工作的。现在你也不能继续使用 `def` 了，因为只有到了运行时才可能知道方法的名字。还好，你可以使用**动态方法**（51）来代替 `def`：

```
def add_checked_attribute(klass, attribute)
  klass.class_eval do
```

```
>   define_method "#{attribute}=" do |value|
>     # ...
>   end
>
>   define_method attribute do
>     # ...
>   end
  end
end
```

上面的代码定义了两个**拟态方法**（218），它们应该可以读/写实例变量。如果不使用代码字符串，怎样才能实现呢？Ruby 有好几个方法可以操作实例变量，其中包括 `Object#instance_variable_get` 方法和 `Object#instance_variable_set` 方法。我们来试试：

```
def add_checked_attribute(klass, attribute)
  klass.class_eval do
    define_method "#{attribute}=" do |value|
>     raise 'Invalid attribute' unless value
>     instance_variable_set("@#{attribute}", value)
    end

    define_method attribute do
>     instance_variable_get "@#{attribute}"
    end
  end
end
```

Bill 叫道：“搞定了！现在我们有了一个方法，它可以进入一个类的作用域，并在那里定义实例方法来操作实例变量，而且我们完全没有使用 `eval` 方法执行代码字符串。现在可以进入第三步了。”

6.5 小测验：校验过的属性（第三步）
Quiz: Checked Attributes (Step 3)

你将给这个项目添加了一些灵活性。

要完成老板的任务，你跟 Bill 还要实现一些重要的功能特。其中一个功能是“通过一个代码块来校验属性”。目前，代码生成的属性只能简单地对赋值 `nil` 或 `false` 的情况抛出异常，还应该通过代码块实现更灵活的校验。

因为这一步要修改 `add_checked_attribute` 方法的接口，所以单元测试用例也需要做相应的修改。Bill 删除了那两个测试 `nil` 和 `false` 的用例，加上了一个新的用例：

ctwc/checked_attributes/block.rb

```
require 'test/unit'

class Person; end

class TestCheckedAttribute < Test::Unit::TestCase
  def setup
>   add_checked_attribute(Person, :age) {|v| v >= 18 }
    @bob = Person.new
  end

  def test_accepts_valid_values
    @bob.age = 20
    assert_equal 20, @bob.age
  end

> def test_refuses_invalid_values
>   assert_raises RuntimeError, 'Invalid attribute' do
>     @bob.age = 17
>   end
> end
end

> def add_checked_attribute(klass, attribute, &validation)
  # ... (这里的代码无法通过测试，需要修改)
end
```

你能修改 `add_checked_attribute` 方法，让它通过新的测试用例么？

6.5.1 小测验答案

Quiz Solution

只要修改几行代码，就可以解决这个问题，让代码通过新的测试用例。

```
> def add_checked_attribute(klass, attribute, &validation)
  klass.class_eval do
    define_method "#{attribute}=" do |value|
>     raise 'Invalid attribute' unless validation.call(value)
      instance_variable_set("@#{attribute}", value)
    end

    define_method attribute do
      instance_variable_get "@#{attribute}"
    end
  end
end
```

Bill 叫道：“第三步搞定了，可以进入第四步了！”

6.6 小测验：校验过的属性（第四步） Quiz: Checked Attributes (Step 4)

你从魔法包里取出了类宏。

第四步要把内核方法改造成一个**类宏**（117），让它对所有的类都可用。

这意味着不应该用 `add_checked_attribute` 方法，而应该定义一个 `attr_checked` 方法，让老板可以在类定义中使用它。另外，新的方法不能像 `add_checked_attribute` 方法一样用类和属性名作为参数，而只能用属性名作为参数，因为类信息可以从 `self` 得到。Bill 修改了测试用例：

ctwc/checked_attributes/macro.rb

```
require 'test/unit'

class Person
> attr_checked :age do |v|
>   v >= 18
> end
end

class TestCheckedAttributes < Test::Unit::TestCase
  def setup
>   @bob = Person.new
  end

  def test_accepts_valid_values
    @bob.age = 20
    assert_equal 20, @bob.age
  end

  def test_refuses_invalid_values
    assert_raises RuntimeError, 'Invalid attribute' do
      @bob.age = 17
    end
  end
end
```

你能写一个 `attr_checked` 方法，让它通过测试么？

6.6.1 小测验答案 Quiz Solution

回忆一下有关类定义的知识（参见第 106 页），如果希望让 `attr_checked` 方法对所有类定义可用，你可以简单地把它定义为 `Class` 或 `Module` 的实例方法。让我们试试 `Class`：

ctwc/checked_attributes/macro.rb

```
> class Class
>   def attr_checked(attribute, &validation)
      define_method "#{attribute}=" do |value|
        raise 'Invalid attribute' unless validation.call(value)
        instance_variable_set("@#{attribute}", value)
      end
      define_method attribute do
        instance_variable_get "@#{attribute}"
      end
>   end
> end
```

这段代码甚至都不需要调用 `class_eval` 方法，因为这个方法被执行时，要定义的类正在担任 `self` 的角色。

Bill 叫道："太好了！再有一步，我们就成功了。"不过，这最后一步要用到一个新技巧：钩子方法。

6.7 钩子方法

Hook Methods

Bill 又给你上了一堂高级编程课。

代码运行期间会发生很多事：类继承，模块混入类中，定义方法，删除方法，等等。如果可以像图形界面捕获鼠标事件一样"捕获"这些事件，那么你就有机会在这些事件发生时执行代码。

原来真的可以这样做。下面的代码会在继承 `String` 类时打印一个提示信息：

ctwc/hooks.rb

```
class String
  def self.inherited(subclass)
    puts "#{self} was inherited by #{subclass}"
  end
end

class MyString < String; end
< String was inherited by MyString
```

`inherited` 方法是 `Class` 的一个实例方法，当一个类被继承时，Ruby 会调用这个方法。默认情况下，`Class#inherited` 方法什么也不做，但是你可以像上例一样覆写它的行为。像 `Class#inherited` 这样的方法称为**钩子方法**（Hook Method），因为它们像钩子一样，可以钩住一个特定的事件。

钩子方法

6.7.1 更多钩子方法

More Hooks

Ruby 提供的钩子方法种类繁多，覆盖了对象模型中绝大多数事件。就像覆写 `Class#inherited` 方法可以在类的生命周期中插入代码那样，你也可以覆写 `Module#included` 方法和 `Module#prepended` 方法，在模块的生命周期中插入代码：

```ruby
module M1
  def self.included(othermod)
    puts "M1 was included into #{othermod}"
  end
end

module M2
  def self.prepended(othermod)
    puts "M2 was prepended to #{othermod}"
  end
end

class C
  include M1
  prepend M2
end
```

```
< M1 was included into C
  M2 was prepended to C
```

通过覆写 `Module#extend_object` 方法，还可以在模块扩展类时执行代码。通过覆写 `Module#method_added`、`method_removed` 或 `method_undefined` 方法，可以插入跟方法相关的事件代码。

```ruby
module M
  def self.method_added(method)
    puts "New method: M##{method}"
  end

  def my_method; end
end
```

```
< New method: M#my_method
```

这些钩子只对普通的实例方法（对象所属的类中的方法）生效，对单件方法（对象的单件类中的方法）则无效。如果想捕获单件方法的事件，则需要使用 `BasicObject` 中的 `singleton_method_added` 方法、`singleton_method_removed` 方法和 `singleton_method_undefined` 方法。

`Module#included` 方法可能是用得最多的钩子方法，值得我们通过一个例子来看看。

在标准方法中插入代码

不仅 `Class#inherited` 和 `Module#method_added` 这样特殊的方法可以作为钩子方法，绝大多数 Ruby 方法也可以通过某种方式实现钩子方法的功能。

我们已经知道了，通过覆写 `Module#included` 方法，可以在模块被包含时执行额外的代码。你还可以用另一种方式钩住同一事件：因为是用 `include` 方法来包含一个模块的，所以可以不覆写 `Module#included` 方法，而是直接覆写 `Module#include` 方法。例如：

```
module M; end

  class C
    def self.include(*modules)
      puts "Called: C.include(#{modules})"
      super
    end

    include M
  end

< Called: C.include(M)
```

覆写 `Module#included` 方法与覆写 `Module#include` 方法有一个重要的区别。`Module#included` 只是一个钩子，默认情况下什么也不做。而 `Module#include` 必须包含一个模块，所以在插入代码之后，还需要用 `super` 关键字调用原始的实现。如果忘了用 `super`，你还是可以捕获这个事件，但是无法再包含模块。

就算不覆写，也可以借助**环绕别名**（134）把普通方法变成钩子方法（参见第 133 页 Thor 的例子）。

6.7.2 VCR 的例子

The VCR Example

VCR 是一个用来记录和重放 HTTP 调用操作的类库。VCR 的 `Request` 类包含一个 `Normalizers::Body` 模块：

```
module VCR
  class Request #...
    include Normalizers::Body
    #...
```

Body模块中定义了一些方法来处理HTTP消息的主体，比如body_from方法。在用 include 方法包含这个模块之后，这些方法就成为 Request 的类方法。没错，Request 在包含 Normalizers::Body 模块之后获得了新的类方法。但是类在包含模块后通常应该获得实例方法，而非类方法。那么 Normalizers::Body 模块是怎样绕过这样的规则，使得类在包含它的时候能为它定义类方法呢？

让我们看看 Body 模块的定义：

gems/vcr-2.5.0/lib/vcr/structs.rb

```
module VCR
  module Normalizers
    module Body
      def self.included(klass)
        klass.extend ClassMethods
      end

      module ClassMethods
        def body_from(hash_or_string)
          # ...
```

上面的代码使用了比较复杂的技巧。Body 有一个名为 ClassMethods 的内部模块，其中定义了像 body_from 方法这样的实例方法。此外，Body 还定义了被包含（included）事件的**钩子方法**（157）。当 Request 类包含 Body 模块时，它触发了一系列的事件：

1. Ruby 在 Body 上调用钩子方法：included 方法。
2. 这个钩子方法接着会转到Request类上，并用ClassMethods模块扩展它。
3. extend 方法会把 ClassMethods 模块中的方法包含到 Request 类的单件类中（参见第 129 页的小测验）。

结果，body_from 等实例方法会混入 Request 类的单件类中，成为 Request 的类方法。这种方式在处理复杂代码混合方面效果怎么样？

这种把类方法和钩子方法结合起来使用的技巧十分常见，Rails 的源代码中就曾大量使用这种组合技巧。不过稍后我们会看到（参见第 179 页），Rails 现在已经转而使用其他技巧了。然而，在 VCR 和其他一些类库中，这种技巧还是被广泛使用着。

6.8 小测验：校验过的属性（第五步）
Quiz: Checked Attributes (Step 5)

你将得到 Bill 的尊重，获得元编程大师的称号。

下面是我们在上一步所写的代码：

```
class Class
  def attr_checked(attribute, &validation)
    define_method "#{attribute}=" do |value|
      raise 'Invalid attribute' unless validation.call(value)
      instance_variable_set("@#{attribute}", value)
    end

    define_method attribute do
      instance_variable_get "@#{attribute}"
    end
  end
end
```

新代码定义了一个名为 `attr_checked` 的**类宏**（117），它是 `Class` 类的实例方法，因此对所有类都可用。最后的任务是限制对 `attr_checked` 方法的访问：它只对那些包含 `CheckedAttributes` 模块的类可用。测试用例和第四步只有一行之差：

ctwc/checked_attributes/module.rb

```
require 'test/unit'

class Person
> include CheckedAttributes

  attr_checked :age do |v|
    v >= 18
  end
end

class TestCheckedAttributes < Test::Unit::TestCase
  def setup
    @bob = Person.new
  end

  def test_accepts_valid_values
    @bob.age = 20
    assert_equal 20, @bob.age
  end

  def test_refuses_invalid_values
    assert_raises RuntimeError, 'Invalid attribute' do
      @bob.age = 17
    end
  end
end
```

你能把 attr_checked 方法从 Class 类中移除，并写出 CheckedAttributes 模块完成老板的任务么？

6.8.1 小测验答案
Quiz Solution

可以使用 VCR 的例子（参见第 159 页）用过的技巧，让 attr_checked 方法成为包含者的类方法：

```
> module CheckedAttributes
>   def self.included(base)
>     base.extend ClassMethods
>   end
>
>   module ClassMethods
      def attr_checked(attribute, &validation)
        define_method "#{attribute}=" do |value|
          raise 'Invalid attribute' unless validation.call(value)
          instance_variable_set("@#{attribute}", value)
        end

        define_method attribute do
          instance_variable_get "@#{attribute}"
        end
      end
>   end
> end
```

太棒了！这就是今天早上老板要求实现的类宏和模块。

6.9 小结
Wrap-Up

今天你解决了一个难度很高的元编程问题，编写了自己的**类宏**（117）。在解决这个问题的过程中，你还学习了强大的 eval 方法，以及它存在的问题和解决方法。最后，你学习了 Ruby 的**钩子方法**（157），并进行了实践。

Bill 面带笑容说：“这一周你学了不少东西，我的朋友。现在你完全可以依靠自己在元编程的道路上继续前进了。让我再给你讲一个故事。”

Bill 接着说：“一位了不起的编程大师，坐在高山之巅，沉思着……”

第7章
尾声
Epilogue

编程大师在高山之巅沉思着。他思考得如此投入，代码和他的灵魂交织得如此紧密，以至于他发出了轻微的鼾声。

一位徒弟爬上山，打断了大师的冥想：“师父，弟子很困惑。我学了很多编程技巧，但不知道怎样正确地运用。元编程的精髓究竟是什么？”

大师轻轻挥动手臂，回答道：“看看我身旁的小树。你看它精巧地弯向地面，仿佛要回到根部一样。编程应该像这样，简单而直白，回归自身，就像一个圈。”

徒弟说：“师父，弟子还是不明白，甚至更加糊涂了。别人说能自我修改的代码不是好代码，弟子怎样才知道自己合理地运用了元编程呢？”

大师回答道：“用平常心看待代码。它应该简洁而清晰，而不是晦涩难懂。”

徒弟争辩道：“可是师父，弟子还是无法判断……”

大师有些厌倦了：“你很聪明，也很擅长学习，但是你有足够的智慧忘掉你所学的东西么？根本没有什么元编程，从来只有编程而已。走吧，别再打扰我了。”

听到这里，徒弟终于明白了。

第二部分
Rails 中的元编程

Metaprogramming in Rails

第 8 章

准备 Rails 之旅

Preparing for a Rails Tour

你和 Bill 并肩战斗了一个星期，深入到 Ruby 的内部，学习了许多像**动态方法**（51）和**类宏**（117）这样的法术。

现在，你有了足够的知识储备，希望把这些知识和工具运用到实际的编程中去。可是，怎样才能安全地使用**打开类**（14）呢？在什么情况下应该用**幽灵方法**（57）而不是**动态方法**（51）？怎样才能测试你的**类宏**（117）？要回答诸如此类的问题，仅有知识和工具是不够的，你还需要经验。

阅读大师的代码，往往能获得宝贵的经验。接下来你将学习 Ruby on Rails 项目（简称 Rails）的部分源代码。Rails 的代码使用了许多元编程技巧，远比你之前学习的更复杂。它充分地展示了元编程的威力，同时也揭示了元编程的风险。

第二部分会带你游览 Rails 中最优美的风景。你将看到优秀的 Ruby 程序员是怎样运用元编程解决实际问题的。

8.1 Ruby on Rails

Ruby on Rails

Rails 是一个模型-视图-控制器（Model-View-Controller，MVC）框架，用于开发基于数据库的 web 应用。Rails 是如此流行，以至于很多人是为了使用 Rails 才学习 Ruby 的。

即使你对 Rails 所知不多，也没关系。我们关注的是 Rails 的源代码，而不是它的特性。遇到需要了解的特性，我们会花时间讲解。如果你对 Rails 和 MVC 一无所知，不妨先到 Ruby on Rails 的网站[1]上去了解一些入门知识。

要欣赏 Rails 的源代码，首先需要安装 rails。

8.2 安装 Rails
Installing Rails

由于 Rails 在不停地演化，在你阅读本章时， Rails 的代码很可能已经发生了显著的变化。幸运的是，你还可以使用我写这本书时所用的 Rails 版本，请运行命令：`gem install rails -v 4.1.0`。

有些章节还会介绍一些 Rails 老版本的源代码，以展示 Rails 的源代码是怎样逐步变化的。如果你愿意，安装了刚才这个版本之后，还可以再安装一个较老的 Rails 版本：`gem install rails -v 2.3.2`。

运行上面的命令会安装 Rails 4.1.0 和 Rails 2.32 的全部 gem。`rails` gem 本身只包含像 Rake 任务、代码生成器，以及用于绑定其他 gem 的胶水代码（glue code）等这样的辅助功能。那些要绑定的 gem 才是最重要的。Rails 中最重要的库有三个：`activerecord`（它把应用程序的对象映射到数据表中）、`actionpack`（处理 web 框架中的 web 部分）和 `activesupport`（包含一些通用的工具类，比如时间运算和日志等）。

8.3 Rails 源代码
The Rails Source Code

引用某段源代码时，我会提供从系统 `gems` 目录开始的文件路径，比如 **gems/activerecord-4.1.0/lib/active_record.rb**。如果希望亲自查看这些代码，你可以使用 RubyGem 的 `unpack` 命令来获取 Rails 的全部代码。这花不了多少的时间。比如，用 `gem unpack activerecord -v=4.1.0` 命令可以把 Active Record 4.1.0 的全部代码下载到当前目录下。

---

[1] http://rubyonrails.org。

在 Rails 版本 4 中，Rails 及其核心库差不多有 170000 行代码（包括空行和注释）。几行 Ruby 代码就隐藏着无数宝藏——更不用说成千上万行了。另外，几乎所有的 Rails 源文件都使用了像元编程这样高级的编程技巧。因此，Rails 源代码中包含的信息量是非常惊人的。

Rails 的源代码非常清晰和优雅。刚开始阅读时可以慢一点，不要因为受挫折而沮丧。只要坚持下去，相信你很快就会成为 Rails 贡献者名单上的一员。

另外，不要忘了单元测试。当你遇到读不懂的代码时，去看看它的测试代码，看看它是怎样使用的。只要你明白了用途，许多迷宫似的代码立刻就变得清晰易懂了。

让我们先从 Active Record 开始吧。

第 9 章

Active Record 的设计

The Design of Active Record

Active Record 库的用途主要是把 Ruby 对象映射到数据表中。这个功能称为**对象关系映射**（object-relational mapping），它结合了关系数据库（用于持久化）和面向对象编程（用于业务逻辑）的优点。

本章将从宏观上分析 Active Record 是如何设计的，它的每个部分是如何结合在一起的。先看一个很简单的例子，它把一个类映射到一个数据库上。

9.1 简短的 Active Record 示例

A Short Active Record Example

假定你已经安装了一个基于文件的 SQLite 数据库（它与 Active Record 兼容）。这个数据库中有一张名为 `ducks` 的表，其中有一个名为 `name` 的字段。你希望把 `ducks` 表中的记录映射到你代码的 Duck 类的对象中。

首先要加载 Active Record，然后打开数据库连接。如果你想在自己的机器上运行这段代码，还需要安装 SQLite 数据库及 `sqlite3` 类库。不过你完全可以只看看这段代码，不一定非要运行它。

part2/ar_example.rb

```
require 'active_record'
ActiveRecord::Base.establish_connection :adapter => "sqlite3",
                                        :database => "dbfile"
```

值得注意的是，在 Rails 应用中，你无须费心打开数据库连接。应用程序会从配置文件中读取适配器名字和数据库名称，然后自动调用 establish_connection 方法建立数据库连接。这里单独使用 Active Record，因此必须自己打开数据库连接。

ActiveRecord::Base 是 Active Record 中最重要的类。不仅仅因为它包含了像打开数据库连接这样的重要功能，它还是所有映射类（如 Duck）的基类：

```
class Duck < ActiveRecord::Base
  validate do
    errors.add(:base, "Illegal duck name.") unless name[0] == 'D'
  end
end
```

validate 方法是一个**类宏**（117），它接受代码块作为输入。你无须特别关心代码块的细节，只需知道在本例中，它确保 Duck 对象的名字以 D 开头（这是我们公司的要求。）如果你想保存不符合命名要求的 Duck 对象，save!方法就会抛出异常，而 save 方法则会悄悄地失败。*

按照惯例，Active Record 会自动把 Duck 对象映射到 ducks 数据表上。通过查看数据库的模式，它发现 ducks 有一个 name 字段，于是创建一个**幽灵方法**（57）来访问那个字段。因此，你可以立刻使用 Duck 类：

```
my_duck = Duck.new
my_duck.name = "Donald"
my_duck.valid?          # => true
my_duck.save!
```

你已经检查了 my_duck 的有效性（确实以 D 开头），然后把它保存到数据库中。从数据库回读它，会得到：

```
duck_from_database = Duck.first
duck_from_database.name         # => "Donald"
duck_from_database.delete
```

你已经了解 Active Record 是做什么的了，现在让我们看看背后发生了什么。

9.2 Active Record 的组成
How Active Record Is Put Together

上面的代码看起来很简单，但 ActiveRecord::Base 能做的事情比这多得多。

---

* 译注：Active Record 的校验发生在业务模型中，而非数据库中。

初学者往往发现 Base 类中方法非常多，他们以为 Base 类是一个巨型类，其中有数以千计的代码用来定义 save 和 validate 这样的方法。

令人吃惊的是，在 ActiveRecord::Base 类中却找不到这些方法。这也是让 Rails 初学者感到困惑的问题：不知道有哪些方法可用，以及方法是在哪里定义的。本章后面的部分将说明 ActiveRecord::Base 是如何组成的。让我们从上例的第一行代码开始：require 'active_record'。

9.2.1 自动加载机制

The Autoloading Mechanism

下面是 activerecord.rb 的代码：

gems/activerecord-4.1.0/lib/active_record.rb

```
require 'active_support'
require 'active_model'
# ...

module ActiveRecord
  extend ActiveSupport::Autoload

  autoload :Base
  autoload :NoTouching
  autoload :Persistence
  autoload :QueryCache
  autoload :Querying
  autoload :Validations
  # ...
```

Active Record 依赖另两个类库，即 Active Support 和 Active Model，因此也加载了它们。稍后会介绍 Active Model 类库。因为 Active Support 的代码在这里会被调用，所以先给点提示。上面的代码使用了 ActiveSupport::Autoload 模块，该模块定义了 autoload 方法。代码首次引用某模块（类）时，这个方法通过命名约定自动识别和加载该模块（类）。Active Record 扩展了 ActiveSupport::Autoload 模块，因此 autoload 方法变成了 ActiveRecord 模块的类方法。请参考**类扩展**（130）。

接着，Active Record 把 autoload 当做**类宏**（117）来注册模块，注册的模块有几十个，这里只展示了一小部分。结果，Active Record 就像是一个**命名空间**（23），用来加载类库的每一个部分。首次引用 ActiveRecord::Base 类时，autoload 方法会加载 activerecord/base.rb 文件。该文件定义了这个类。让我们来看看它的定义。

9.2.2 ActiveRecord::Base

ActiveRecord::Base

下面是 ActiveRecord::Base 的完整定义:

gems/activerecord-4.1.0/lib/active_record/base.rb

```
module ActiveRecord
  class Base
    extend ActiveModel::Naming
    extend ActiveSupport::Benchmarkable
    extend ActiveSupport::DescendantsTracker
    extend ConnectionHandling
    extend QueryCache::ClassMethods
    extend Querying
    extend Translation
    extend DynamicMatchers
    extend Explain
    extend Enum
    extend Delegation::DelegateCache

    include Core
    include Persistence
    include NoTouching
    include ReadonlyAttributes
    include ModelSchema
    include Inheritance
    include Scoping
    include Sanitization
    include AttributeAssignment
    include ActiveModel::Conversion
    include Integration
    include Validations
    include CounterCache
    include Locking::Optimistic
    include Locking::Pessimistic
    include AttributeMethods
    include Callbacks
    include Timestamp
    include Associations
    include ActiveModel::SecurePassword
    include AutosaveAssociation
    include NestedAttributes
    include Aggregations
    include Transactions
    include Reflection
    include Serialization
    include Store
    include Core
  end

  ActiveSupport.run_load_hooks(:active_record, Base)
end
```

ActiveRecord::Base 使用了大量的外部模块来实现其功能，这种方式并不常见。上面的代码看起来没做什么，只是 extend 模块和 include 模块。另外，调用了 run_load_hooks 方法，让这些模块在自动加载后运行它们的配置代码。实际上，Base 包含的这些模块自己也包含许多的模块。

这就是自动加载机制的用处。ActiveRecord::Base 无须 require 模块的源程序，然后再 include 该模块。它只要 include 该模块就行。有了自动加载，Base 这样的类可以用最少的代码包含大量的模块。

有时，找到某个方法来自哪个模块并不困难。比如，像 save 这样的持久化方法来自 ActiveRecord::Persistence 模块：

gems/activerecord-4.1.0/lib/active_record/persistence.rb

```
module ActiveRecord
  module Persistence
    def save(*) # ...
    def save!(*) # ...
    def delete # ...
```

而有时，要找到某个方法的出处又很难，比如像 valid?和 validate 这样的验证方法。让我们试着找一找。

9.2.3 Validations 模块

The Validations Modules

ActiveRecord::Base 包含一个叫 ActiveRecord::Validations 的模块。查看这个模块，你会找到 valid?方法，但是找不到 validate 方法：

gems/activerecord-4.1.0/lib/active_record/validations.rb

```
module ActiveRecord
  module Validations
    include ActiveModel::Validations
    # ...
    def valid?(context = nil) # ...
```

validate 方法在哪里？可以到 ActiveModel::Validations 模块中找答案，它是被 ActiveRecord::Validations 所包含的。这个模块来自 Active Model，它是 Active Record 依赖的一个类库。查找 Active Model 的代码，你会发现 validate 方法定义在 ActiveModel::Validations 里。

模块的包含有一些令人困惑的地方。首先，类包含一个模块后，模块中的方法通常会成为类的实例方法。但是 validate 方法成为了 ActiveRecord::Base 的类方法。为什么 `Base` 会从包含的模块中得到类方法呢？第 10 章将讲解这方面的知识。现在，我们只要知道 Active Record 包含的模块有些特殊，包含后可以同时得到实例方法和类方法就够了。

那为什么 `ActiveRecord::Base` 要同时包含 `ActiveRecord::Validations` 和 `ActiveModel::Validations` 模块呢？这是有原因的。早期的 Rails 没有 Active Model 库，那时 `validate` 方法定义在 `ActiveRecord::Validations` 模块里。后来 Active Record 库的不断发展，开发者意识到该库其实做的是两项独立的工作。第一项与数据库操作相关，比如保存和加载数据库。另一项工作是处理对象模型，比如维护对象的属性，或者跟踪属性的有效性。

Active Record 的开发者决定把它分成两个独立的库，于是 Active Model 就诞生了。与数据库有关的代码还留在 Active Record 里，而与对象模型相关的代码则转移到 Active Model 里。`valid?`方法与数据库有关（它关注对象是否保存在数据库里），因此留在了 `ActiveRecord::Validations` 模块里。而 `validate` 方法与数据库无关，它只关注对象的属性，因此被转移到 `ActiveModel::Validations` 模块里。

从宏观上看，Active Record 最重要的类 `ActiveRecord::Base` 实际上是由一堆模块组装起来的。每个模块都给 `Base` 类添加了实例方法（甚至类方法）。像 `Validations` 这样的模块，还包含更多的模块（甚至是其他库中的模块），这样就给 `Base` 类添加了更多的方法。

在进一步深入探讨 Active Record 库的结构之前，先来看看这个不寻常的设计教会了我们什么。

9.3 经验之谈
A Lesson Learned

由于包含这么多的模块，`ActiveRecord::Base` 变成为一个非常大的类。正常安装 Rails 之后，`Base` 类包含超过 300 个实例方法，以及令人吃惊的 550 个类方法。`ActiveRecord::Base` 可以称为终极**打开类**（14）。

第一次接触 Active Record 库时，我已经开发了多年的 Java 程序。Active Record 的代码让我感到震惊。Java 程序员绝不会写出只有一个巨型类（包含了成百上千个方法）的类库。对 Java 程序员来说，这几乎无法理解和维护！

然而，Active Record 的设计就是这样的：类库中几乎所有的方法都在一个类中。这还不算，许多被 Active Record 包含的模块也用到了元编程，从而让 Active Record 包含了更多的方法。这些与 Active Record 协同工作的类库还可以通过模块和方法自由扩展 `ActiveRecord::Base` 类。你大概在想，像这样缝缝补补搞起来的东西，最后一定是乱七八糟。然而，事实并非如此。

许多程序员根据自己的需要修改 Active Record，对它打猴子补丁，还有数以百计的程序员在为 Active Record 贡献源代码。因此，Active Record 发展得非常快。为此，我写本书第 2 版时不得不重写大部分的内容。虽然 Active Record 变化很快，但它始终保持着较高的质量，以至于有些人愿意在实际产品中使用最新的版本。

从 Active Record 的设计中，我学到的最重要的原则是：设计技巧不是绝对的，它依赖于你使用的语言。Ruby 的风格可能跟你熟悉的那些语言不同。这并不是说那些设计原则就过时了。相反，最基本的设计宗旨（如解耦、简化、不重复）在 Ruby 和所有语言中都有效。只是 Ruby 实现这些原则的方式有时让人吃惊。

虽然 `ActiveRecord::Base` 是一个巨大的类，但是这个复杂的类并不存在于一个文件中。相反，它是由很多松耦合的、易于测试的、易于复用的模块在运行时组合起来的。如果只需要验证功能，就可以只在类中包含 `ActiveModel::Validations` 模块，而不用管 `ActiveRecord::Base` 和其他模块，比如像下面这样：

part2/validations.rb

```
require 'active_model'

class User
  include ActiveModel::Validations

  attr_accessor :password

  validate do
    errors.add(:base, "Don't let dad choose the password.") if password == '1234'
  end
end

user = User.new
user.password = '12345'
user.valid?          # => true

user.password = '1234'
user.valid?          # => false
```

上面的代码完美地实现了解耦。使用 `ActiveModel::Validations` 模块，你既无须考虑继承，也无须担心与数据库相关的功能，更不用处理复杂的依赖性。只要包含这个模块，代码就具备了完整的验证能力，而且不会增加任何复杂性。

说到 `ActiveModel::Validations` 模块，我承诺过要带你看看这个模块是怎么把 `validate` 方法作为类方法放入包含它的类中的。第 10 章会兑现我的承诺。

第 10 章

Active Support 的 Concern 模块

Active Support's Concern Module

Rails 的类包含模块后可以同时获得实例方法和类方法，这是怎么实现的呢？答案要到 Active Support 类库的 `Concern` 模块里去找。`ActiveSupport::Concern` 模块修改了 Ruby 的对象模型。它封装了“在包含我的类中添加类方法”这个功能，并且让这个功能很容易加入其他模块中。

了解 `ActiveSupport::Concern` 的历史，会更容易理解它的实现。

10.1 Concern 模块出现之前

Rails Before Concern

这些年来，虽然 Rails 的源代码变化很大，但是基本的设计思想并没有改变。比如 `ActiveRecord::Base` 是由几十个模块组装起来的，在这些模块中为该类定义了实例方法和类方法。`Base` 类可以包含 `ActiveRecord::Validations` 模块，从而获得实例方法以及类方法。

不过，这些方法进入 `Base` 类的方式却发生过变化。下面看看它最初是怎样实现的。

10.1.1 包含并扩展技巧

The Include-and-Extend Trick

在 Rails 2 时代，所有验证方法都定义在 `ActiveRecord:: Validations` 模块中。那时还没有 Active Model 类库。而 `Validations` 模块使用了一个特殊的技巧：

gems/activerecord-2.3.2/lib/active_record/validations.rb

```
module ActiveRecord
  module Validations
    # ...

    def self.included(base)
      base.extend ClassMethods
      # ...
    end

    module ClassMethods
      def validates_length_of(*attrs) # ...
      # ...
    end

    def valid?
      # ...
    end

    # ...
  end
end
```

上面的代码有点眼熟吧。你已经见过这个技巧（参见第159页）。ActiveRecord::Base包含Validations模块时，会发生三件事。

1. Validations的实例方法（如valid?方法）会成为Base的实例方法。这是模块包含的一般行为。

2. Ruby在Validations模块上调用included这个**钩子方法**（157），并把ActiveRecord::Base作为它的参数。（included方法中有一个参数也叫base，但是这个base跟Base类没有任何关系。）

3. 这个钩子方法使用ActiveRecord::Validations::ClassMethods模块对Base进行**类扩展**（130），于是ClassMethods中的方法成为了Base的类方法。

Base类就获得了valid?这样的实例方法，以及validates_length_of这样的类方法。

这个技巧实在有点特殊，因此我不敢肯定它是否可以称为一种法术。我把它称为**包含并扩展技巧**（include-and-extend trick）。VCR从Rails中借鉴了这个技巧，并且在很多Ruby项目中运用了它。包含并扩展技巧让你有强大的能力来组织一个类库：每个模块都包含功能相对独立的代码，使用include方法就可以将这些功能加入到新定义的类中。这些功能可以通过实例方法实现，也可以通过类方法实现，甚至可以使用这两种方法同时实现。

不过这个技巧也有自身的问题。每个需要定义类方法的模块都必须定义一个相似的 `included` 钩子方法，用来扩展包含它的类。在大项目里，这个钩子方法会重复出现许多次。有人说这样做不划算，毕竟同样的功能只要多加一行代码就能实现：

```
class Base
  include Validations
  extend Validations::ClassMethods
  # ...
```

除此以外，这个技巧还有一个更隐秘的问题，值得我们仔细分析。

10.1.2 链式包含的问题 The Problem of Chained Inclusions

假设你包含的模块又包含了另外一个模块。比如 `ActiveRecord::Base` 模块包含 `ActiveRecord::Validations` 模块，该模块又包含 `ActiveModel::Validations` 模块。如果这两个模块都使用了包含并扩展技巧，会怎么样？来看一个小例子：

part2/chained_inclusions_broken.rb

```
module SecondLevelModule
  def self.included(base)
    base.extend ClassMethods
  end

  def second_level_instance_method; 'ok'; end

  module ClassMethods
    def second_level_class_method; 'ok'; end
  end
end

module FirstLevelModule
  def self.included(base)
    base.extend ClassMethods
  end

  def first_level_instance_method; 'ok'; end

  module ClassMethods
    def first_level_class_method; 'ok'; end
  end

  include SecondLevelModule
end

class BaseClass
  include FirstLevelModule
end
```

BaseClass 包含 FirstLevelModule 模块，FirstLevelModule 模块又接着包含 SecondLevelModule 模块。这两个模块都进入了 BaseClass 的祖先链中。因此，你可以在 BaseClass 对象上调用这两个模块的实例方法：

```
BaseClass.new.first_level_instance_method         # => "ok"
BaseClass.new.second_level_instance_method        # => "ok"
```

由于使用了包含并扩展技巧，在 FirstLevelModule::ClassMethods 模块中定义的方法成为了 BaseClass 中的类方法：

```
BaseClass.first_level_class_method                # => "ok"
```

由于 SecondLevelModule 模块也使用了包含并扩展技巧，你也许认为 SecondLevelModule::ClassMethods 中的方法也会成为 BaseClass 的类方法。然而，该技巧在这里却失效了：

```
BaseClass.second_level_class_method               # => NoMethodError
```

原来，调用 SecondLevelModule.included 方法时，base 参数的值不是 BaseClass，而是 FirstLevelModule。结果，SecondLevelModule::ClassMethods 模块中定义的方法就成了 FirstLevelModule 模块的类方法。

Rails 2 试图解决这个问题，但解决得不太漂亮：它不是对 FirstLevelModule 和 SecondLevelModule 都使用包含并扩展技巧，而只是对 FirstLevelModule 使用包含并扩展技巧。然后 FirstLevelModule#included 方法强制包含它的类也包含 SecondLevelModule 模块，就像下面这样：

part2/chained_inclusions_fixed.rb

```
module FirstLevelModule
  def self.included(base)
    base.extend ClassMethods
>   base.send :include, SecondLevelModule
  end
  # ...
```

问题是，上面的代码让系统变得更不灵活了；它强迫 Rails 把第一层包含的模块与其他模块区分开来，而且每个模块都需要知道它是不是被当做第一层包含的模块。（更糟的是，Rails 那时还不能直接调用 Module#include 方法，因为它是一个私有方法。因此它只能使用**动态派发**（48）技巧。我这里说的是历史，现在 Ruby 版本中的 include 已经是一个公开方法了。）

听到这里，你大概会想，包含并扩展技巧带来的问题比解决的问题还要多。它需要各个模块都包含相似的代码；当超过一层模块包含时，还有可能失败。为了解决这个问题，Rails 的作者创造了 ActiveSupport::Concern 模块。

10.2 ActiveSupport::Concern 模块

ActiveSupport::Concern

ActiveSupport::Concern 模块封装了包含并扩展技巧，并且解决了链式包含的问题。一个模块可以通过扩展 Concern 模块并定义自己的 ClassMethods 模块来实现包含并扩展的功能：

part2/using_concern.rb

```
require 'active_support'

module MyConcern
  extend ActiveSupport::Concern

  def an_instance_method; "an instance method"; end

  module ClassMethods
    def a_class_method; "a class method"; end
  end
end

class MyClass
  include MyConcern
end

MyClass.new.an_instance_method         # => "an instance method"
MyClass.a_class_method                 # => "a class method"
```

接下来，我会用 concern 表示一个扩展了 ActiveSupport:: Concern 的模块。比如上面的 MyConcern 就是 concern。包括 ActiveRecord::Validations 模块和 ActiveModel::Validations 模块在内的绝大多数模块都是 concern。

下面来看看 Concern 模块是怎样变魔术的。

10.2.1 查看 Concern 的源代码

A Look at Concern's Source Code

Concern 的源代码很短，但比较复杂。它定义了两个重要的方法：extended 方法和 append_features 方法。下面是 extended 方法：

gems/activesupport-4.1.0/lib/active_support/concern.rb

```
module ActiveSupport
  module Concern
    class MultipleIncludedBlocks < StandardError #:nodoc:
      def initialize
        super "Cannot define multiple 'included' blocks for a Concern"
      end
    end

    def self.extended(base)
      base.instance_variable_set(:@_dependencies, [])
    end

    # ...
```

当模块扩展 Concern 时，Ruby 会调用 extended 钩子方法。在 extended 方法中，为扩展它的类定义了一个@_dependencies 类实例变量。稍后我会解释这个变量的作用。现在请记住所有 concern 都有这个变量，且其初值是一个空数组。

为了学习 Concern 的另外一个重要方法 Concern#append_features，让我们快速浏览一下 Ruby 的标准库。

Module#append_features 方法

Module#append_features 是 Ruby 的一个内核方法。与 Module#included 方法类似，该方法也是在包含一个模块时被调用。两者之间的区别在于：included 方法是钩子方法，其默认实现是空的，只有覆写后才有内容。相反，append_features 方法包含实际动作，用于检查被包含模块是否已经在包含类的祖先链上，如果不在，则将该模块加入其祖先链。

本书第一部分没有介绍 append_features 方法，因为通情况下，常应该覆写 included 方法，而不是 append_features 方法。覆写 append_features 方法，有可能得到让你吃惊的结果。比如下面这个例子：

part2/append_features.rb

```
module M
  def self.append_features(base); end
end

class C
  include M
end

C.ancestors          # => [C, Object, Kernel, BasicObject]
```

上面的代码通过覆写 append_features 方法，阻止了一个模块被包含的动作。

有趣的是，其实这正是 Concern 希望获得的功能。让我们马上看看。

Concern#append_features 方法

Concern 定义了它自己的 append_features 方法：

gems/activesupport-4.1.0/lib/active_support/concern.rb

```
module ActiveSupport
  module Concern
    def append_features(base)
      # ...
```

还记得**类扩展**（130）么？append_features 方法是 Concern 类的一个实例方法，因此在扩展 Concern 的模块中，它会成为一个类方法。如果名为 Validations 的模块扩展了 Concern 模块，就会得到一个名为 Validations#append_features 的类方法。如果感到有点困惑，请看图 10-1 中 Module、Concern、Validations 和 Validation 的单件类之间的关系。

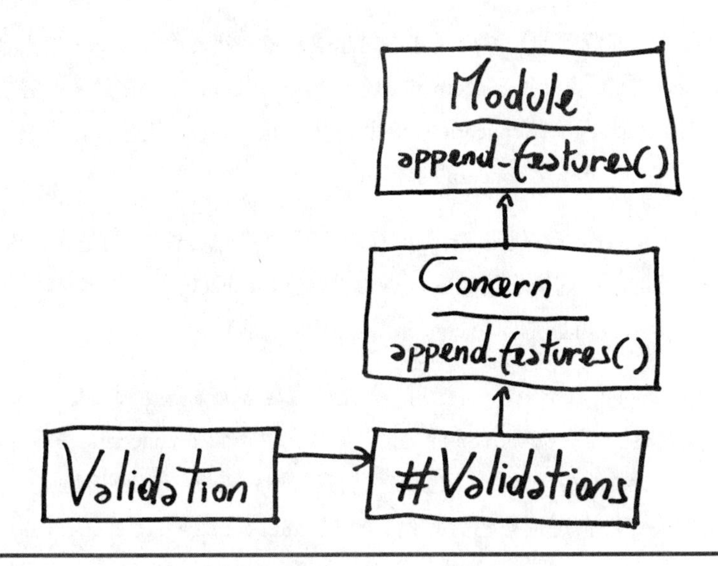

图 10-1 ActiveSupport::Concern 覆写了 Module#append_features 方法

总结一下我们目前所学的知识。首先，扩展 Concern 的模获得一个 @_dependencies 类变量。其次，它们得到一个覆写过的 append_features 方法。有了这两个道具，下面看看 Concern 究竟是怎么变魔术的。

深入 Concern#append_features 方法

下面是 `Concern#append_features` 的代码：

gems/activesupport-4.1.0/lib/active_support/concern.rb

```
module ActiveSupport
  module Concern
    def append_features(base)
      if base.instance_variable_defined?(:@_dependencies)
        base.instance_variable_get(:@_dependencies) << self
        return false
      else
        return false if base < self
        @_dependencies.each { |dep| base.send(:include, dep) }
        super
        base.extend const_get(:ClassMethods) \
          if const_defined?(:ClassMethods)
        # ...
      end
    end

    # ...
```

读这段代码够费劲的。不过其基本思想很简单：在一个 concern 中不会包含另外一个 concern。如果一个 concern 试图包含另一个 concern，它只是把它们链接到一个依赖图中。如果一个 concern 被一个并非 concern 的模块包含，所有这些依赖会一股脑地进入那个包含 concern 的模块中。

让我们一步步地查看代码。要理解这段代码，首先要记得它们是作为该 concern 的类方法执行的。在这个作用域中，`self` 指向该 concern，`base` 变量则是包含该 concern 的模块（既可能是一个 concern，也可能不是）。

在进入 `append_features` 方法后，首先检查包含类本身是否也是一个 concern。如果包含类也有`@_dependencies` 类变量，那么它也是一个 concern。在这种情况下，它不会进入包含类的祖先链中，只会被添加到依赖列表里。该代码同时返回 `false`，用来指明模块并没有真正被包含。例如，当 `ActiveModel::Validations` 模块被 `ActiveRecord::Validations` 模块包含时，就会发生这样的情况。

如果包含类不是一个 concern，例如，当 `ActiveRecord::Validations` 被 `ActiveRecord::Base` 所包含时，会发生什么呢？在这种情况下，首先要检查 concern 是否已经出现在包含类的祖先链中，这种情况在链式包含时有可能会发生（这就是代码中 `base < self` 所表达的意思）。如果没有出现在祖先链中，那么会进入整个代码最关键的时刻：concern 中的依赖会被递归包含到包含类中。这种最小化的依赖管

理方式可以解决“链式包含的问题”（参见第 181 页）。

在把所有依赖的 concern 都加入包含类的祖先链之后，你还有一些工作要做。首先，包含类必须把自身加入其祖先链中，这是通过 `super` 调用标准的 `Module.append_features` 来实现的。最后，不要忘记我们做这一切的目的：就像在包含并扩展技巧中所做的那样，是要通过你自己的 `ClassMethods` 模块来扩展包含类。你需要通过 `Kernel#const_get` 方法获得 `ClassMethods` 的引用，这是因为你必须在 `self` 的作用域中获得该常量*，而不是定义这段代码的 `Concern` 模块的作用域。

10.2.2 Concern 小结

Concern Wrap-Up

`ActiveSupport::Concern` 是一个最小化依赖管理系统，它只用了一个单件方法以及短短几行代码就实现了这个功能。尽管代码看起来有点复杂，但是使用 `Concern` 是很简单的。比如在 Active Model 的代码中是这样使用的：

gems/activemodel-4.1.0/lib/active_model/validations.rb

```ruby
module ActiveModel
  module Validations
    extend ActiveSupport::Concern
    # ...
    module ClassMethods
      def validate(*args, &block)

        # ...
```

只用几行代码，`ActiveModel::Validations` 模块就为 `ActiveRecord::Base` 添加了名为 `validate` 的类方法，你不必担心中间的 `ActiveRecord::Validations` 模块，`Concern` 自己会处理 concern 之间的依赖。

`ActiveSupport::Concern` 是不是过于“聪明”了？有些程序员觉得 `Concern` 在普通的 `include` 调用背后使用了太多的技巧，这种隐藏复杂性的做法会带来不易察觉的问题[1]。另一些程序员则称赞 `Concern` 让 Rails 模块保持了一贯的简洁和优雅。

不管对 `Concern` 持何种态度，你都可以从其中学到不少东西。下面是我个人使用 `Concern` 的一点经验。

---

* 译注：类名其实就是常量。

[1] http://blog.coreyhaines.com/2012/12/why-i-dont-use-activesupportconcern.html。

10.3 经验之谈
A Lesson Learned

大多数语言都没有多少方法可以把组件绑定在一起。一般能做的就是从类继承，或者代理一个类。如果想做得漂亮点，你可以使用一个类库（甚至一个框架）来专门管理依赖。

现在，让我们看看 Rails 的作者是如何把框架的各个部分绑定在一起的。最初，他们只是对模块进行包含与扩展。后来，他们使用了包含并扩展技巧。随着 Rails 的发展，这个技巧显得力不从心了，于是它们又用 `ActiveSupport::Concern` 替换了包含并扩展技巧。这种依赖管理系统的发展是渐进式的。

随着时间的推移，我们慢慢发现软件设计很难一次做好，像 Ruby 这样灵活的语言更是如此。Ruby 允许你使用元编程这样的技巧修改整个框架的基石（比如本章提到的模块如何协作等）。因此，我从 `Concern` 这里学到的最重要的东西是：元编程的目的不是让代码变得更聪明，而是让代码变得更灵活。

我写代码时从来不指望一蹴而就写出最完美方案，也从不刻意使用那些不必要的复杂法术。我会让代码保持尽量简单，并使用最明显的方式实现功能。只有当我发现代码变得混乱或者出现重复了，我才会想办法用元编程这样的技巧修改。

人们对 `Concern` 复杂性一直有争议，这暗示着元编程也有阴暗面。第 11 章将会介绍一些 Rails 中最有名的方法。

第 11 章

alias_method_chain 方法沉浮录

The Rise and Fall of alias_method_chain

我们学习了 Rails 的模块化设计。现在，让我们看一段富有戏剧性的 Rails 历史：alias_method_chain 方法是怎样声名鹊起，又如何慢慢过时，最终被 Rails 彻底抛弃的。

11.1 alias_method_chain 方法的兴起

The Rise of alias_method_chain

在讲解包含并扩展技巧时（参见第 179 页），我用了一段老版本 Rails 代码，但是当时略过了几行有意思的代码。我们再来看看：

gems/activerecord-2.3.2/lib/active_record/validations.rb

```
module ActiveRecord
  module Validations

    def self.included(base)
      base.extend ClassMethods
>     base.class_eval do
>       alias_method_chain :save, :validation
>       alias_method_chain :save!, :validation
>     end

      # ...

    end
```

当 ActiveRecord::Base 类包含 Validations 模块时，上面被标记出来的代码片段会重新打开 Base 类，并调用一个名为 alias_method_chain 的方法。下面用一个简单的例子解释 alias_method_chain 做了些什么。

11.1.1 alias_method_chain 方法产生的原因
The Reason for alias_method_chain

假设有一个模块，其中定义了一个 greet 方法。它看起来像下面这样：

part2/greet_with_aliases.rb

```ruby
module Greetings
  def greet
    "hello"
  end
end

class MyClass
  include Greetings
end

MyClass.new.greet          # => "hello"
```

现在假定你希望给 greet 方法添加额外的功能，比如，希望让你的问候变得更加热情，那么可以通过几个**环绕别名**（134）来实现：

```ruby
class MyClass
  include Greetings

  def greet_with_enthusiasm
    "Hey, #{greet_without_enthusiasm}!"
  end

  alias_method :greet_without_enthusiasm, :greet
  alias_method :greet, :greet_with_enthusiasm
end

MyClass.new.greet          # => "Hey, hello!"
```

这里定义了两个新方法：greet_without_enthusiasm 方法和 greet_with_enthusiasm 方法。第一个方法只是原始的 greet 方法的一个别名。第二个方法调用了第一个方法，并给问候增加了更加欢乐的气氛。同时，也把 greet 方法重命名为新的更加热情的版本，这样在调用 greet 方法时，你默认会调用那个更加热情的 greet_with_enthusiasm 方法。如果非要调用那个不那么热情的版本，则必须明确调用 greet_without_enthusiasm 方法才行：

```ruby
MyClass.new.greet_without_enthusiasm          # => "hello"
```

总结一下，原始的 greet 方法现在叫做 greet_without_enthusiasm 方法。如果想要热情的问候，则可以调用 greet_with_enthusiasm 方法或 greet 方法，它们实际上是同一个方法的不同别名。

这种给原方法增加新功能的想法在 Rails 中十分普遍。它们的共性是：会出现三个像上面例子那样命名的方法：method、method_with_feature 和 method_without_feature。前两个方法有增强的特性，最后一个则没有。

为了避免到处重复这样的重命名代码，Rails 曾经提供了一种通用的方法实现这样的别名机制。这就是 Module#alias_method_chain 方法，它在 Active Support 库里。现在查看 Actvie Support 的源代码，仍然可以找到 alias_method_chain 方法。

11.1.2 深入 alias_method_chain 方法

Inside alias_method_chain

下面是 alias_method_chain 方法的代码：

gems/activesupport-4.1.0/lib/active_support/core_ext/module/aliasing.rb

```
class Module
  def alias_method_chain(target, feature)
    # 去掉查询方法（以?结尾）和修改对象自身方法（以!结尾）最后的标点符号，因为像
    # target?_without_feature这样的方法名是不合法的
    aliased_target, punctuation = target.to_s.sub(/([?!=])$/, ''), $1
    yield(aliased_target, punctuation) if block_given?

    with_method = "#{aliased_target}_with_#{feature}#{punctuation}"
    without_method = "#{aliased_target}_without_#{feature}#{punctuation}"

    alias_method without_method, target
    alias_method target, with_method

    case
    when public_method_defined?(without_method)
      public target
    when protected_method_defined?(without_method)
      protected target
    when private_method_defined?(without_method)
      private target
    end
  end
end
```

alias_method_chain 方法的参数有 target 和 feature。target 是需要增强的方法名，feature 是希望添加的特性名称。从这两个参数可以计算出两个新的方法名：target_without_feature 和 target_with_feature。alias_method_chain 方法把原始的 target 方法保存为 target_without_feature 方法，然后把 target 方法作为 target_with_feature 方法的别名（假定在同一模块中已经定义了那个 target_with_feature 方法）。case 语句用于设定 target_without_feature 方法的可见性，使之具有与原始 target 方法相同的可见性。

alias_method_chain 方法还有其他特性，比如可以接受代码块，通过代码块改变方法命名的规则；可以处理以感叹号和问号结尾的方法名。它就是一个**环绕别名**（134）的构建器。来看看在 ActiveRecord::Validations 模块中是怎样使用它的。

11.1.3 回顾 Validations 模块

One Last Look at Validations

让我们再看看旧版本的 ActiveRecord::Validations，代码如下：

```
def self.included(base)
  base.extend ClassMethods
  # ...
  base.class_eval do
    alias_method_chain :save, :validation
    alias_method_chain :save!, :validation
  end
  # ...
end
```

这些代码重新打开了 ActiveRecord::Base 类，并且修改了它的 save 和 save! 方法，为它们添加了校验功能。这种别名方式使得你在保存对象到数据库时，会自动得到校验功能。如果希望使用不带校验的保存方式，则可以调用它的原始版本（现在叫 save_without_validation 方法）。

此外，Validations 模块还需要定义两个方法：save_with_validation 方法和 save_with_validation!方法：

gems/activerecord-2.3.2/lib/active_record/validations.rb

```
module ActiveRecord
  module Validations
    def save_with_validation(perform_validation = true)
      if perform_validation && valid? || !perform_validation
        save_without_validation
      else
        false
      end
    end
    def save_with_validation!
      if valid?
        save_without_validation!
      else
        raise RecordInvalid.new(self)
      end
    end
    def valid?
      # ...
```

真正的校验发生在 valid?方法中。Validations#save_with_validation 会在校验失败时返回 false；否则，它会调用原始的 save_without_validation 方法。Validations#save_with_validation!方法在验证失败时会抛出异常，否则它会调用原始的 save_without_validation!方法。

这就是 Rails 2 时代使用的 alias_method_chain 方法。后来事情发生了变化。

11.2 alias_method_chain 方法的衰亡

The Fall of alias_method_chain

你已经知道 Rails 的类库基本上都是由模块拼装而成的。在 Rails 2 时代，很多模块都使用 alias_method_chain 方法为包含类添加新功能。那些扩展 Rails 类的作者也采用这种方式给 Rails 中的方法添加功能。结果，alias_method_chain 方法遍地都是，它不仅出现在 Rails 里，也出现在几十个第三方库里。

alias_method_chain 方法在消除重复的别名方面很有一套，但是它自身也有问题。最初，alias_method_chain 方法只是用来封装**环绕别名**（134）。别忘了环绕别名也有一些微妙的问题的（参见第 133 页）。更糟糕的是，alias_method_chain 方法过于“聪明”，Rails 中出现了各种重命名的方法，导致你很难追踪真正调用的方法是哪个版本。

然而，alias_method_chain 方法最严重的问题还不是这个。在很多情况下，它的存在根本没必要。Ruby 是面向对象的语言，它提供了一种更加优雅的、内置的方式来为已有方法增加功能。回忆一下，我们最初是怎样让 greet 方法变得更加热情的：

part2/greet_with_super.rb

```
module Greetings
  def greet
    "hello"
  end
end

class MyClass
  include Greetings
end

MyClass.new.greet           # => "hello"
```

我们没有用别名方式给 greet 方法添加功能。只要在模块中重新定义 greet 方法，然后包含新的模块即可：

part2/greet_with_super.rb

```
module EnthusiasticGreetings
  include Greetings

  def greet
    "Hey, #{super}!"
  end
end

class MyClass
  include EnthusiasticGreetings
end

MyClass.ancestors[0..2] # => [MyClass, EnthusiasticGreetings, Greetings]
MyClass.new.greet       # => "Hey, hello!"
```

MyClass 的祖先链先包含 EnthusiasticGreetings 模块，然后包含 Greetings 模块。因此，在调用 greet 方法时，实际上会调用 EnthusiasticGreetings#greet 方法，然后这个方法再通过 super 调用 Greetings#greet 方法。这种方式看起来不如 alias_method_chain 方法酷，但它简单有效。ActiveRecord::Validations 认识到了这种简单性的优点，用简单的覆写方式替代了 alias_method_chain 方法：

gems/activerecord-4.1.0/lib/active_record/validations.rb

```
module ActiveRecord
  module Validations
    # 如果设置参数<tt>validate: false</tt>，校验过程将被省略
    # 在validations模块混入后，默认的标准Base#save会被取代
    def save(options={})
      perform_validations(options) ? super : false
    end

    # 试图像 Base#save 方法一样来保存记录，
    # 但是在校验失败后会抛出一个 +RecordInvalid+ 异常，而非返回false
    def save!(options={})
      perform_validations(options) ? super : raise(RecordInvalid.new(self))
    end

    def perform_validations(options={})
      # ...
```

Validations#save 方法可执行真正的校验工作（通过调用私有方法 perform_validations）。如果通过校验，则它继续通过 super 语句调用 ActiveRecord::Base 类中的普通 save 方法。如果校验失败，则返回 false。Validations#save!方法基本遵循相同的逻辑，只是在校验失败时会抛出一个异常。

现在，Rails 几乎不使用 alias_method_chain 方法了。不过，你还是可以在 Active Support 库中找到 alias_method_chain 的定义，而且少数第三方库还在使用这个方法。但是在 Active Record 这样的类库中，已经完全找不到它踪迹了。曾经流行一时的 alias_method_chain 方法，在 Rails 中已经几乎绝迹。

然而，有一种情况下，你可能会觉得 alias_method_chain 方法比面向对象的替代方案要好。我们来仔细看看。

11.2.1 Module#prepend 方法的诞生

The Birth of Module#prepend

让我们对上面的 greet 方法做一点修改：不把它定义在模块中，而是直接定义在类中。

part2/greet_with_prepend.rb

```
class MyClass
  def greet
    "hello"
  end
end

MyClass.new.greet          # => "hello"
```

在这种情况下，你就不能简单地通过包含一个模块来遮蔽这个方法了：

part2/greet_with_prepend_broken.rb

```
module EnthusiasticGreetings
  def greet
    "Hey, #{super}!"
  end
end

class MyClass
  include EnthusiasticGreetings
end

MyClass.ancestors[0..2]   # => [MyClass, EnthusiasticGreetings, Object]
MyClass.new.greet         # => "hello"
```

上面的代码表明在包含 EnthusiasticGreetings 模块时，该模块在祖先链中的位置在该类之上。因此，实际上是 MyClass 中的 greet 类遮蔽了模块中的同名方法，而非相反。

当然可以把 greet 类提取出来放到一个模块中，就像前面所做的那样。这样做的结果是，你可以把那个模块（比如 EnthusiasticGreetings 模块）插入祖先链中，然后通过覆写并调用 super 来为 greet 增加功能。我们前面正是这样做的。然而，有时你可能无法这样做。比如，MyClass 可能是某个像 Rails 这样类库中的一个类，你是在扩展这个类库，而不是在该类库的源代码上进行修改。这个限制是很多 Ruby 程序员仍然使用 alias_method_chain 方法的主要原因。

然而，Ruby 2.0 增加了 Module#prepend 方法，为这个问题提供了一种更加优雅的解决方案：

```
module EnthusiasticGreetings
  def greet
    "Hey, #{super}!"
  end
end

class MyClass
  prepend EnthusiasticGreetings
end

MyClass.ancestors[0..2]  # => [EnthusiasticGreetings, MyClass, Object]
MyClass.new.greet        # => "Hey, hello!"
```

这是一个**下包含包装器**（136），是**环绕别名**（134）更加现代的替代品。因为使用了 prepend 方法，EnthusiasticGreetings#greet 在 MyClass 祖先链中的位置低于 MyClass#greet 方法，所以可以继续使用覆写并调用 super 这种传统技巧。

我写这本书时，Rails 还没有使用 Module#prepend 方法，这是因为它还希望兼容 Ruby 1.9。当 Rails 最终无需考虑老版本的 Ruby 时，prepend 一定会出现在 Rails 中。到那时，就没有任何理由再使用 alias_method_chain 方法了。

11.3 经验之谈
A Lesson Learned

我一直在向你展示元编程多么方便和优雅。然而，alias_method_chain 方法的故事却值得我们深思：有时元编程也会让事情变得更复杂，甚至让你忽视那些更传统、更简单的方法。

我自己学到的经验是：要抵制那种让代码变得过于“聪明”的诱惑。问问自己，是否有比元编程更简单、更直接的方式来达到目的。如果没有，再考虑用元编程解决问题。你会发现在很多情况下，面向对象编程一样可以解决你的问题，而且解决方式更直接。

我们知道了元编程有可能存在使用过度的情况，而且它并非在所有情况下都比传统的、简单的方式更好。尽管如此，元编程仍然是 Rails 这个馅饼中最美味的成分。第 12 章将向你展示 Rails 的一个典型特性，它使用了很多元编程的技巧。

第 12 章 属性方法的发展

The Evolution of Attribute Methods

你已经学习了很多元编程的例子。然而，在大型的系统中运用元编程会是怎样的情形呢？

让我们借 Rails 最重要的一个特性来看看。这就是 Rails 的属性方法，它的代码包含大量的元编程技巧。从第一个 Rails 版本出现以来，它就不断地发展演化。回顾属性方法发展的历史，我们就能看到代码变得复杂时都会发生什么。

本章会出现大量的复杂代码。如果每个细节我都解释，你就很难抓住重点。因此，我主要从宏观上讲解代码的要点。如果你理解不了某几代码，也没关系。

我们先用一个简单的例子看看属性方法。

12.1 属性方法实战 Attribute Methods in Action

假定已经创建了一个数据库表，其中存放了一些任务（task）。

part2/ar_attribute_methods.rb

```
require 'active_record'
ActiveRecord::Base.establish_connection :adapter => "sqlite3",
                                        :database => "dbfile"

ActiveRecord::Base.connection.create_table :tasks do |t|
  t.string :description
  t.boolean :completed
end
```

现在可以定义一个空的Task类，让它继承的ActiveRecord::Base类。你可以使用这个类的对象与数据库交互：

```
class Task < ActiveRecord::Base; end

task = Task.new
task.description = 'Clean up garage'
task.completed = true
task.save

task.description          # => "Clean up garage"
task.completed?           # => true
```

上面的代码调用了四个属性方法来读/写对象的属性：两个写访问器（description=方法和completed=方法）、一个读访问器（description方法）以及一个查询访问器（completed?方法）。这些**拟态方法**（218）都不是由Task类定义的。相反，Active Record库通过查看tasks表的字段来创建这些方法。这些自动创建的访问器被称为属性方法。

你可能会认为像description=这样的属性方法要么是使用**幽灵方法**（57）（通过method_missing方法）实现的，要么是使用**动态方法**（51）（通过define_method方法）定义的。实际上，事情更加复杂。

12.2 属性方法的发展史

A History of Complexity

我们先不管当前的属性方法是怎样实现。让我们回到2004年，当时Rails 1.0.0刚刚诞生。

12.2.1 Rails 1：简单开始

Rails 1: Simple Beginnings

在Rails最初的版本里，属性方法只用了很少代码来实现：

gems/activerecord-1.0.0/lib/active_record/base.rb

```
module ActiveRecord
  class Base
    def initialize(attributes = nil)
      @attributes = attributes_from_column_definition
      # ...
    end
```

```
def attribute_names
  @attributes.keys.sort
end
alias_method :respond_to_without_attributes?, :respond_to?

def respond_to?(method)
  @@dynamic_methods ||= attribute_names +
                        attribute_names.collect { |attr| attr + "=" } +
                        attribute_names.collect { |attr| attr + "?" }
  @@dynamic_methods.include?(method.to_s) ?
                               true :
                               respond_to_without_attributes?(method)
end

def method_missing(method_id, *arguments)
  method_name = method_id.id2name

  if method_name =~ read_method? && @attributes.include?($1)
    return read_attribute($1)
  elsif method_name =~ write_method?
    write_attribute($1, arguments[0])
  elsif method_name =~ query_method?
    return query_attribute($1)
  else
    super
  end
end

def read_method?() /^([a-zA-Z][-_\w]*)[^=?]*$/ end
def write_method?() /^([a-zA-Z][-_\w]*)=.*$/ end
def query_method?() /^([a-zA-Z][-_\w]*)\?$/ end

def read_attribute(attr_name) # ...
def write_attribute(attr_name, value) # ...
def query_attribute(attr_name) # ...
```

让我们看看 initialize 方法：创建 ActiveRecord::Base 对象时，它的实例变量@attributes 会填充来自数据库的属性名。如果相关的数据库表中有一个名为 description 的字段，那么@attributes 中就会包含一个"description"字符串。

现在跳到 method_missing 方法，在那里属性的名字成为**幽灵方法**（57）的名字。当调用像 description=这样的方法时，method_missing 方法会注意到两件事：首先，description 是一个属性名；其次，description=这个名字与写访问器名字表示的正则表达式相匹配。

于是，method_missing 方法调用 write_attribute("description")语句，它会把 description 的内容写入数据库。同样的过程也发生在查询访问器（方法名以问号结尾）和读访问器（方法名就是属性名）里。

第 3 章曾提到，定义 method_missing 方法时，也应该定义 respond_to?方法或者 respond_to_missing?方法。例如，假如可以调用 my_task.description 方法，那么也会期望在调用 my_task.respond_to? (:description) 时返回 true。ActiveRecord::Base#respond_to?方法是一个**环绕别名**（134），扩充了原始的 respond_to?方法，它也会根据相同的规则检查给定方法是不是属性读方法、写方法、查询方法。重载的 respond_to?方法使用了**空保护**（219）技巧，这样会对每个属性名只计算一次，计算后的属性名会存放到@@dynamic_methods 这个类变量中。

我省略了 read_attribute、write_attribute 和 query_attribute 的实现，它们用来实现访问数据库的操作。这就是 Rails 1 实现属性方法的全部代码。Rails 2 出现之后，代码开始变得复杂了。

12.2.2 Rails 2：提高性能

Rails 2: Focus on Performance

还记得第 3 章对 method_missing 的解释么？当调用一个不存在的方法时，Ruby 会沿着祖先链向上查找这个方法。如果一直找到 BasicObject 还没有找到这个方法，则 Ruby 会回到祖先链底，调用 method_missing 方法。这意味着**幽灵方法**（57）的调用要慢于普通方法的调用，因为 Ruby 至少要完整地找一遍祖先链。

在大多数情况下，幽灵方法和普通方法的效率差异可以忽略不计。然而，在 Rails 中，属性方法的调用非常频繁。在 Rails 1 中，每一次对属性方法的调用都不得不遍历 ActiveRecord::Base 类那长长的祖先链，因此效率非常低。

Rails 的作者本可以把幽灵方法替换为**动态方法**（51）来提高效率。通过 define_method 来定义属性的读方法、写方法、查询方法，可以杜绝 missing_method 的使用。然而，Rails 的作者选择了一种混合方案，既使用了幽灵方法，也使用了动态方法。

幽灵现身

如果你查看 Rails 2 的代码，则会发现属性方法的定义从 ActiveRecord::Base 中移除了，转移到了一个独立的 ActiveRecord::AttributeMethods 模块里，然后 Base 类再包含这个模块。原先的 method_missing 方法也变得更复杂，因此可以把它分成两部分进行讨论。下面先介绍第一部分：

gems/activerecord-2.3.2/lib/active_record/attribute_methods.rb

```
module ActiveRecord
  module AttributeMethods
    def method_missing(method_id, *args, &block)
      method_name = method_id.to_s

      if self.class.private_method_defined?(method_name)
       raise NoMethodError.new("Attempt to call private method", method_name, args)
      end

      # 在没有创建任何方法的时候，创建它们
      # 然后查找我们是否已经创建所需要的方法
      if !self.class.generated_methods?
        self.class.define_attribute_methods
        if self.class.generated_methods.include?(method_name)
          return self.send(method_id, *args, &block)
        end
      end

      # ...
    end

    def read_attribute(attr_name) # ...
    def write_attribute(attr_name, value) # ...
    def query_attribute(attr_name) # ...
```

第一次调用 Task#description=这样的方法时，调用被转到 method_missing 方法。在进入具体的工作之前，它会首先确保你没有利用这个机制调用私有方法来打破封装。然后调用一个名为 define_attribute_methods 的神奇方法。

很快你就能深入查看 define_attribute_methods 的实现，不过现在你只需要知道它会为数据库的每个字段定义读、写、查询的**动态方法**（51）。当再次调用 description= 方法或其他数据库字段的访问器方法时，调用不再被 method_missing 处理。你将调用的是一个真实的、非幽灵方法。

你首次进入 method_missing 方法时，description=方法是一个**幽灵方法**(57)，但现在 description=方法已经成为一个有血有肉的方法，这时 method_missing 可以通过**动态派发**（48）对它进行调用并返回结果。这种过程对每个从 ActiveRecord::Base 继承而来的类只会执行一次。当你再次来到 method_missing 方法时，类方法 generated_methods 会返回 true，这段代码会被跳过。

下面的代码展示了 define_attribute_method 方法是如何定义那些非幽灵访问器的。

gems/activerecord-2.3.2/lib/active_record/attribute_methods.rb

```
  # 为所有数据库中的字段产生相关的方法
```

```
  # 包括访问器、修改器和查询方法
  def define_attribute_methods
    return if generated_methods?
    columns_hash.each do |name, column|
      unless instance_method_already_implemented?(name)
        if self.serialized_attributes[name]
          define_read_method_for_serialized_attribute(name)
        elsif create_time_zone_conversion_attribute?(name, column)
          define_read_method_for_time_zone_conversion(name)
        else
          define_read_method(name.to_sym, name, column)
        end
      end

      unless instance_method_already_implemented?("#{name}=")
         if create_time_zone_conversion_attribute?(name, column)
           define_write_method_for_time_zone_conversion(name)
         else
           define_write_method(name.to_sym)
        end
      end

      unless instance_method_already_implemented?("#{name}?")
        define_question_method(name)
      end
    end
  end
```

instance_method_already_implemented?方法阻止无意识的**猴子补丁**（16）：如果一个属性的方法名已经存在，则这段代码将会处理下一个属性。除此之外，上面的代码几乎没做什么工作，只是把任务分配给几个做实际工作的方法，比如define_read_method方法和define_write_method方法。

我们再来看看define_write_method方法。我给最重要的代码加上了小箭头：

gems/activerecord-2.3.2/lib/active_record/attribute_methods.rb

```
> def define_write_method(attr_name)
>   evaluate_attribute_method attr_name,
>     "def #{attr_name}=(new_value);write_attribute('#{attr_name}',
        new_value);end",
>     "#{attr_name}="
> end

> def evaluate_attribute_method(attr_name, method_definition,
      method_name=attr_name)
    unless method_name.to_s == primary_key.to_s
      generated_methods << method_name
    end
    begin
>     class_eval(method_definition, __FILE__, __LINE__)
    rescue SyntaxError => err
      generated_methods.delete(attr_name)
      if logger
```

```ruby
      logger.warn "Exception occurred during reader method compilation."
      logger.warn "Maybe #{attr_name} is not a valid Ruby identifier?"
      logger.warn err.message
    end
  end
end
```

define_write_method 方法用于构建**代码字符串**（142），并被 class_eval 方法运行。当调用 description=方法时，evaluate_attribute_method 方法会执行下面的代码字符串：

```ruby
def description=(new_value);write_attribute('description', new_value);end
```

这就是 description=方法诞生的地方。类似的过程也发生在 description、description?方法，以及所有数据库字段的访问器方法上。

现在扼要概括一下目前所学的知识。当你第一次访问一个属性时，这个属性是一个幽灵方法。ActiveRecord::Base#method_missing 方法会在这时把这个幽灵方法转换为一个真实的方法。同时，method_missing 方法还动态地为数据库中的所有其他字段创建了读、写、查询访问器。下一次再访问这个属性或另一个基于数据库字段的属性时，你会发现有一个真实的访问器方法等着你，而不会再进入 method_missing 方法。

然而，看到 method_missing 后半段代码时，你会发现这种逻辑并不是发生在每一个属性访问器上。

保持动态的属性

在某些情况下 ActiveRecord 并不需要定义访问器。对那些并非数据库字段的属性（如计算所得的字段）就不需要这么做。

part2/ar_attribute_methods.rb

```ruby
my_query = "tasks.*, (description like '%garage%') as heavy_job"
task = Task.find(:first, :select => my_query)
task.heavy_job?          # => true
```

像 heavy_job 这样的属性在各个对象中可能都不一样，因此没有理由为它们创建**动态方法**（51）。method_missing 方法的后半段会处理这些属性：

gems/activerecord-2.3.2/lib/active_record/attribute_methods.rb

```
module ActiveRecord
  module AttributeMethods
    def method_missing(method_id, *args, &block)
      # ...

      if self.class.primary_key.to_s == method_name
        id
      elsif md = self.class.match_attribute_method?(method_name)
        attribute_name, method_type = md.pre_match, md.to_s
        if @attributes.include?(attribute_name)
          __send__("attribute#{method_type}", attribute_name, *args, &block)
        else
          super
        end
      elsif @attributes.include?(method_name)
        read_attribute(method_name)
      else
        super
      end
    end

    private
      # 为method_missing方法处理*?
      def attribute?(attribute_name)
        query_attribute(attribute_name)
      end

      # 为method_missing方法处理*=
      def attribute=(attribute_name, value)
        write_attribute(attribute_name, value)
      end
```

让我们看看上面的 `method_missing` 代码。如果你在访问对象的标识符，则会直接返回它的值。如果你在调用一个属性访问器，要么用**动态派发**（48）（针对写访问器和查询访问器），要么调用 `read_attribute` 方法（针对读访问器）来调用访问器方法。其他情形下，`method_missing` 方法会通过 `super` 语句向上转发调用。

我不想浪费过多的时间在这些细节上，因此，这里只展示了 Rails 2 中跟属性方法相关的部分。然而，你会发现，在 Rails 的第二个主版本中，属性方法的特性和代码都更复杂了。

接下来，让我们看看这种趋势是怎样在后续的版本中延续的。

12.2.3 Rails 3 和 4：更多特殊的情况

Rails 3 and 4: More Special Cases

在 Rails 1 中，属性方法的实现只用了几十行代码。到 Rails 2 时，这个功能已经有了自己单独的文件，并占用了几百行代码。等到 Rails 3 时，这个功能已经分布在 9 个文件中，这还不包括单元测试代码。

当 Rails 应用程序变得越来越大和越来越先进时，Rails 框架的作者发现了属性方法的一些性能问题和特殊情况。随着发现的特殊情况越来越多，Rails 作者加入了更多的元编程技巧。下面只向你展示其中的一种特殊情况。即使是这种情况，所要占用的篇幅也超过了本章的容量。因此我只向你展示一些代码片段。

这个例子是当前 Rails 中一个十分极端的优化问题。我们已经知道，Rails 2 把**幽灵方法**（57）转换成了**动态方法**（51），从而提高了效率。Rails 4 则更进一步：定义一个属性访问器时，会将它变成一个自由方法，并保存在方法缓冲池中。如果有第二个类具有同名属性，因而需要同样的访问器时，Rails 4 会从方法缓冲池中取出前面定义的访问器，并将它绑定到第二个类上。通过这种方式，即使是无关的类，如果它们正好具有同名的属性，Rails 也只会定义一组属性访问器，并对所有这些属性都使用这一组属性访问器。（我初次听到这个方法时也感到惊诧，这样也可以提高性能么？在 Rails 中的确可以）。下面从属性方法实现的深层代码入手：

gems/activerecord-4.1.0/lib/active_record/attribute_methods/read.rb

```
module ActiveRecord
  module AttributeMethods
    module Read
      extend ActiveSupport::Concern

      module ClassMethods
        if Module.methods_transplantable?
          def define_method_attribute(name)
            method = ReaderMethodCache[name]
            generated_attribute_methods.module_eval{define_method name,method}
          end
        else
          def define_method_attribute(name)
            # ...
          end
        end
```

上面的代码定义了一个名为 `define_method_attribute` 的方法。根据第 10 章（参见第 179 页）介绍的机制，这个方法最终会成为 `ActiveRecord::Base` 的类方法。然而，在这里这种机制有点变化：`define_method_attribute` 方法会根据

Module.methods_transplantable?方法返回值的不同，定义不同的方法。

Module.methods_transplantable?方法来自 Active Support 库，它的功能是回答这样一个问题：可以在另一个类的独享上绑定一个自由方法么？此前曾介绍过自由方法（参见第 94 页），它在 Ruby 2.0 后才有，因此 define_method_attribute 的代码会根据 Rails 是运行在 Ruby 2.x 还是 1.9 上进行不同的处理。

假设你现在在使用 Ruby 2.x，define_method_attribute 方法会从方法缓冲池中获得一个自由方法，并通过 define_method 方法绑定到当前的模块中。用于保存方法的缓冲池叫做 ReaderMethodCache。

让我们看看 ReaderMethodCache 是怎样初始化的。长长的注释会让你体会到这段代码的编写是多么富有技巧性。

gems/activerecord-4.1.0/lib/active_record/attribute_methods/read.rb

```ruby
module ActiveRecord
  module AttributeMethods
    module Read
      ReaderMethodCache = Class.new(AttributeMethodCache) {
        private
        # 由于define_method在派发时速度较慢，我们想通过module_eval来创建方法。
        # 但如果module_eval创建了很多类似的方法，又会占用较多的内存，
        # 因为这些代码字符串会到处复制并缓存（在MRI中）。
        # define_method方法尽管在派发时速度慢，但是，如果注意其生成的闭包，
        # define_method占用的内存会比较小。
        #
        # 有时，数据库的字段名不允许直接作为一个普通的方法名（如
        # 'my_column(omg)'）。因此，可以先使用__temp__标识符定义方法，
        # 然后了把它重命名为你希望的方法名。
        #
        # 我们还使用了一个常量来保存属性名的冻结字符串。用常量意味着调用属性方法时，
        # 无需每次都分配对象。用属性名的冻结字符串意味着在read_attribute
        # 中，该字符串作为@attributes_cache的键时，不会重复存储。

      def method_body(method_name, const_name)
          <<-EOMETHOD
          def #{method_name}
            name = ::ActiveRecord::AttributeMethods::AttrNames::ATTR_#{const_name}
            read_attribute(name) { |n| missing_attribute(n, caller) }
         end
        EOMETHOD
      end
    }.new
```

ReaderMethodCache 是一个匿名类的实例（该匿名类是 AttributeMethodCache 的子类）。该类只定义了一个方法，用于返回一个代码字符串。（如果你对 Class.new

感到困惑，请回顾一下第 112 页的小测验；如果你不明白 EOMETHOD 那几行代码，请回顾一下第 142 页的 here 文档。）

让我们放下 ReaderMethodCache 类，看看它的超类 AttributeMethodCache：

gems/activerecord-4.1.0/lib/active_record/attribute_methods.rb

```
module ActiveRecord
  module AttributeMethods
    AttrNames = Module.new {
      def self.set_name_cache(name, value)
        const_name = "ATTR_#{name}"
        unless const_defined? const_name
          const_set const_name, value.dup.freeze
        end
      end
    }

    class AttributeMethodCache
      def initialize
        @module = Module.new
        @method_cache = ThreadSafe::Cache.new
      end
      def [](name)
        @method_cache.compute_if_absent(name) do
          safe_name = name.unpack('h*').first
          temp_method = "__temp__#{safe_name}"
          ActiveRecord::AttributeMethods::AttrNames.set_name_cache safe_name, name
          @module.module_eval method_body(temp_method, safe_name),
                              __FILE__, __LINE__
        @module.instance_method temp_method
      end
    end

    private
    def method_body; raise NotImplementedError; end
  end
```

首先看看 AttrNames：这个模块只有一个方法 set_name_cache。给定一个名字和一个值，set_name_cache 会依据命名规范生成一个常量名称，该常量根据输入的值进行赋值。比如，如果传入一个“description”的字符串，则会生成一个名为 ATTR_description 的常量。AttrNames 在某种程度上类似一个**洁净室**（87），它的存在只是为了保存那些代表属性名的常量。

继续向下查看 AttributeMethodCache 类。它的 [] 方法接受属性名作为参数，并返回该属性名对应的访问器（作为 UnboundMethod 对象）。它还至少考虑了一种特殊情况：属性访问器也是 Ruby 方法，但不是每个属性名都可以作为合法的 Ruby 方法名。（ReaderMethodCache#method_body 代码的注释中就有这样一个反例。）这段代码对属性名进行十六进制编码，然后再根据命名规范生成一个合乎标准的安全的方法名。

在得到属性的安全名称之后，AttributeMethodCache#[]方法会调用method_body来获得定义访问器的代码字符串，然后在一个名为@module的洁净室中定义访问器。（参见第145页讨论的module_eval的参数__FILE__和__LINE__。）最终，AttributeMethodCache#[]从洁净室中获得了新创建的访问器方法（作为一个UnboundMethod对象）。

在后续的调用中，AttributeMethodCache#[]无需再次定义这个方法。相反，@method_cache.compute_if_absent会保存结果并自动返回该结果。当一个访问器在多个类中都被定义时，这种策略可以节约时间。

最后，让我们回头看看ReaderMethodCache的代码。通过覆写method_body方法以及返回读访问器的代码字符串，ReaderMethodCache把一个通用的AttributeMethodCache变成一个读访问器的缓冲池。正如你所期待的，也存在一个WriterMethodCache用于处理写访问器。

在听完这些解释之后，你的脑袋是不是有点发晕？我是有点晕了。上面的例子表明属性方法已经变得非常复杂，它现在需要处理很多的特例。下面让我们试着得出一些通用的结论。

12.3 经验之谈 A Lesson Learned

开发者经常会问自己：究竟代码中要处理多少种特殊情况？一种极端做法是从一开始就考虑到所有的情况，让自己的代码不留死角。我们称这种方式为“一次做好”。另一种极端的做法是只处理一些很明显的问题，以后遇到特殊的情况时再处理。我们称这种方式为“渐进设计”。而实际的设计行为通常是在这两种方式之间寻找平衡。

我们能从Rails的属性方法的设计中学到什么呢？在Rails 1中，有关访问器方法的代码是如此简单，以至于我们认为它们过于简陋了。处理简单情况时，这些代码工作得不错，但是它忽略了一些不太常见的情况，而且在大规模的应用中会出现性能问题。随着Rails用户需求的增加，Rails的作者不断改进框架，使之变得更加灵活。这是“渐进设计”的一个经典例子。

让我们看看第 202 页提到的性能优化。绝大多数属性访问器，尤其是那些底层有数据库表支持的属性，首先是作为**幽灵方法**（57）诞生的。在你访问了一个属性后，Active Record 趁机通过执行**代码字符串**（142）把它们变成**动态方法**（51）。一些访问器方法，比如计算所得字段的访问器，它们永远不会成为真实的方法，总是保持幽灵方法的状态。

这种设计是多种可选设计方案之一。Active Record 的作者认为这种方案避免了其他方案的一些缺点，这些方案有：

- 不动态定义访问器，完全依赖幽灵方法。
- 创建对象时，在 `initialize` 方法中定义访问器方法。
- 仅当访问属性时才为它定义访问器，不主动为其他属性定义访问器。
- 为每个对象定义所有的访问器方法，包括 `before_type_cast` 类型的访问器和计算所得字段的访问器。
- 用 `define_method` 方法，而不是用代码字符串定义访问器。

不知你觉得如何，反正我不知道哪一种选择更好，因为我猜不出哪种方案更快一些。那么 Active Record 的作者是怎样选择方案的呢？他们很可能实验了几种方案，并且在真实的系统上做了性能分析，找出了性能瓶颈……然后，他们有针对性地做了优化。

上面的例子虽然只关注提高性能，但是它的原理也可以应用到 Rails 设计的各个方面。想想在 Rails 2 中是怎样防止使用 `method_missing` 来调用私有方法的，或者在 Rails 4 中怎样把数据库表中的列名映射为安全的 Ruby 方法名。预见所有这些特例还不是最难的，最难的是要同时处理它们。一般来说，应该像 Rails 1 那样，先处理一些常见的特例，等其他特例出现的频率逐渐增加时，再考虑处理它们。

Rails 的设计哲学看起来更接近于“渐进设计”，而不是“一次做好”。这样做有两个比较明显的原因。首先，Ruby 是很灵活的语言，在使用了元编程技术后变得更加灵活，这使得它的代码很容易实现“渐进设计”。其次，一下子写出完美的代码往往是很困难的，因为要考虑到所有潜在的特殊情况并不容易。

最后用一句话总结一下：尽量保持简单，只在必要时才增加复杂性。刚开始时，首先是要保证代码正确，并尽量保持简单，这样以后遇到特例时才方便处理。这条原则适用于绝大多数场合，尤其是在元编程里。

最后让我们思考一下元编程本身的意义。

第 13 章 最后的思考

One Final Lesson

我们已经一起经历了一场大胆的冒险。从元编程的基础知识开始，一直到 Rails 的源代码结束。在告别之前，我希望分享最后一个观点——这可能是我最重要的一个想法。

13.1 元编程不过是编程

Metaprogramming Is Just Programming

开始学习元编程时，我觉得它神奇得如同魔法。我以为自己进入一个全新的世界——一个让人惊讶、兴奋又有点恐惧的世界。

写完本书后，这种神奇的感觉依然存在。然而，我现在意识到，在实践中元编程和传统编程之间并没有一条分明的界线。元编程不过是另一种强大的编程工具，你可以用它写出干净、安全、测试良好的代码。

我有勇气大胆预言：在 Ruby 中，元编程和普通编程的界限会变得越来越模糊。等你对这门语言有了深刻认识后，你会发现要界定一种技巧或用法是元编程还是普通编程是非常困难的。

实际上，元编程已经渗入 Ruby 的血液之中，你很难写出一段符合规范的 Ruby 代码，却完全不使用元编程的法术。这门语言实际上**鼓励**你操纵语言的构件，扩展对象模型，重新打开类，动态定义方法，以及用块来管理作用域。还是那句话：“根本就没有元编程，从来就只有编程”。

第三部分
附录

Appendixes

附录 A
常见惯用法
Common Idioms

附录 A 收集了流行的 Ruby 惯用法。它们不属于真正的元编程，因此不适合放在本书的正文里。

A.1 拟态方法
Mimic Methods

Ruby 很多的魅力来自其灵活的语法。即使在最简单的程序中，你都能发现这种灵活性：

```
puts 'Hello, world'
```

Ruby 新手常常会误认为 puts 是一个语言关键字，但它实际上只是一个方法。如果你习惯在调用 puts() 方法时省略括号，那么它看起来就不太像方法。加上括号，就可以看出它是一个方法了：

```
puts('Hello, world')
```

由于有这种伪装起来的方法，Ruby 在保持其内核相对精练整洁的同时，还为用户提供了很多像函数一样的方法。

这种去掉括号调用方法的方式经常被编程高手使用。不过，有时我们会保留括号，因为这会让它的方法属性更加明显，或者是因为代码比较复杂，解析器需要加入括号来明确其含义。在其他情况下，去掉括号会让代码显得更整洁，或者使之更像一个关键字，正如对 puts 方法所做的那样。

让我们来看另外一个灵活语法的例子。回想一下对象属性，它们实际上是伪装过的方法：

common_idioms/mimic_methods.rb

```
class C
  def my_attribute=(value)
    @p = value
  End

  def my_attribute
    @p
  end
end

obj = C.new
obj.my_attribute = 'some value'
obj.my_attribute          # => "some value"
```

obj.my_attribute = 'some value'的功能与obj.my_attribute=('some value')是相同的，但前者看起来更清爽。

应该怎样称呼像my_attribute和my_attribute=这样伪装起来的方法呢？可以借鉴动物学的术语，动物把自己伪装成另外一种动物称为拟态。因此，如果一个方法把自己伪装成另外一种东西，比如puts或obj.my_attribute=，那么不妨把它称为**拟态方法**（Mimic Method）。

拟态方法

拟态方法的概念虽然简单，但在Ruby里却用得很多。例如，像private和protected这样的访问修饰符都是拟态方法，像attr_reader这样的**类宏**（117）也是拟态方法。很多流行的类库也用到了它，下面便是一例。

A.1.1 Camping的例子

The Camping Example

下面的代码段来自一个使用Camping web框架的应用程序。它把URL地址/help绑定到一个特定的控制器动作上：

```
class Help < R '/help'
  def get
    # rendering for HTTP GET...
```

Help类看起来继承了一个名为R的类，但它后面那个诡异的字符串有什么用？Ruby怎么会接受这种语法呢？原来，R是一个拟态方法，它以一个字符串为参数，并返回一个Class类的实例。这个类就是Help实际继承的类。如果一个方法返回一个类的概念让你感到陌生，请回忆一下，Ruby的类只是对象而已（参见第11页）。

由于使用了这样的技巧，Camping 看起来不像是一个 Ruby 的 web 框架，而更像是一个用于 web 开发的领域专属语言。

A.2 空指针保护 Nil Guards

绝大多数 Ruby 初学者在查看别人的代码时都会对下面这种奇怪的惯用法感到困惑：

common_idioms/nil_guards.rb

```
a ||= []
```

在这个例子中，右边的值正好是一个空数组，不过实际上它是可以任意赋值的对象。||=实际上是下面语句的快捷方式：

```
a || (a = [])
```

理解这段代码，首先要知道或操作符||的具体细节。表面上，或操作符会在两个操作数中的任何一个为 true 时返回 true——但是要实现这个功能，有一些实现上的细节。下面是||的实际工作方式。

在布尔运算中，如果一个值不是 nil 或者 false，它就被认为是 true。如果第一个操作数是 true，那么||会直接返回第一个操作数，而第二个操作数则永远不会被执行；如果第一个操作数的值不是 true，||操作符会执行并返回第二个操作数。这意味着除非两个操作数都为 false，否则会返回 true。这与“或”操作符的含义是一致的。

这样，你会看到上面的代码与下面的语句有同样的效果：

```
if defined?(a) && a
  a
else
  a = []
end
```

可以这样翻译这段代码：“如果 a 是 nil，那么让它成为一个空数组；如果它不是 nil，那么什么也不做。”在这种情况下，有经验的 Ruby 程序员通常认为||操作符比 if 语句更优雅，也更有可读性。当然，这种用法并不局限于数组，也可以用在任何类型的对象上。这种惯用法称为**空指针保护**（Nil Guard），因为它可以确保一个变量的值不是 nil。

空指针保护

属性的问题

对没经验的程序员来说，对象的属性（参见第 217 页）存在一个不易察觉的陷阱：

common_idioms/attribute_trouble.rb

```
class MyClass
  attr_accessor :my_attribute

  def set_attribute(n)
    my_attribute = n
  end
end

obj = MyClass.new
obj.set_attribute 10
obj.my_attribute          # => nil
```

这个结果可能在你的意料之外。这是因为 set_attribute 的代码具有不确定性。Ruby 不知道代码是想给局部变量赋值，还是调用名为 my_attribute=的拟态方法（218）。在没有确切答案的情况下，Ruby 默认选择第一种方式，它定义了一个名为 my_attribute 的局部变量，该变量在赋值完后就落到作用域之外了。

为了避免这个问题，给当前对象的属性赋值时，应该显性地使用 self：

```
class MyClass
  def set_attribute(n)
>   self.my_attribute = n
  end
end

obj.set_attribute 10
obj.my_attribute          # => 10
```

如果你是 Ruby 专家，你可能会问自己一个微妙的问题。编写本书第 1 版时，我被这个问题困扰了很久。如果 MyClass#my_attribute=碰巧是一个私有方法会怎样？此前我曾说过不能对显性的 self 对象调用私有方法（参见第 35 页），那么上面的方法是不是就无效了呢？后来我发现，Ruby 规定像 my_attribute=这样的属性写方法，即使是私有方法，也可以在 self 上显性地调用：

```
class MyClass
  private :my_attribute
end

obj.set_attribute 11          # No error!
obj.send :my_attribute        # => 11
```

空指针保护常常用于初始化实例变量。看看下面这个类：

```
class C
  def initialize
    @a = []
  end

  def elements
    @a
  end
end
```

使用空指针保护，你可以用更简练的方式重写这段代码：

```
class C
  def elements
    @a ||= []
  end
end
```

上面实例变量一直等到要被访问时才初始化，这种惯用法称为**惰性实例变量**（Lazy Instance Variable）。有时，就像上例中所做的那样，你会用一个或多个惰性实例变量来取代 `initialize` 方法。

惰性实例变量

A.2.1 空指针保护和布尔值

Nil Guards and Boolean Values

空指针保护有一个奇怪的地方值得注意：它们跟布尔值一起配合使用时工作不大正常。比如下面这个例子：

```
def calculate_initial_value
  puts "called: calculate_initial_value"
  false
end

b = nil
2.times do
  b ||= calculate_initial_value
end
```

```
< called: calculate_initial_value
  called: calculate_initial_value
```

上面代码中的空指针保护似乎不能工作。`calculate_initial_value` 方法被调用了两次，而非你所期望的一次。为了找出问题所在，我们用等价的 `if` 语句来替代空指针保护。

```
if defined?(b) && b
  # 如果b已经被定义，既不为空也非false值:
  b
else
  # 如果b未定义，或为空，或为false:
  b = calculate_initial_value
end
```

查看这个用`if`语句实现的空指针保护，会发现它实际上不能区分`false`和`nil`。在前一个例子中，`b`的值是`false`，因此空指针保护每次都对它进行初始化。

空指针保护的这个小问题一般不会被注意。但是有时它可能会导致不易追踪的bug。因此，不应该在变量值可能是`false`（或`nil`）时对它使用空指针保护。

A.3 Self Yield
Self Yield

当你给方法传入一个块时，你期望这个方法会通过`yield`对块进行回调。这种回调有一种有用的变形，即对象可以把**自身**传给这个块。让我们看看它有什么用处。

A.3.1 Faraday的例子
The Faraday Example

在Faraday这个HTTP的库中，一般通过URL和代码块来初始化一个HTTP连接：

common_idioms/faraday_example.rb

```
require 'faraday'

conn = Faraday.new("https://twitter.com/search") do |faraday|
  faraday.response      :logger
  faraday.adapter       Faraday.default_adapter
  faraday.params["q"]    = "ruby"
  faraday.params["src"] = "typd"
end

response = conn.get
response.status          # => 200
```

上面的代码用于为连接设置参数。如果你愿意，也可以通过哈希表传递一组参数给`Faraday.new`方法，实现同样的功能。不过，这种基于代码块的风格有一个优点：所有代码块中的代码都关注同一个对象。如果喜欢这种风格，你可能想深入Faraday的代码来看看它是怎样实现的。实际上，`Faraday.new`方法创建并返回了一个`Faraday::Connection`对象：

gems/faraday-0.8.8/lib/faraday.rb

```
module Faraday
  class << self
    def new(url = nil, options = {})
      # ...
      Faraday::Connection.new(url, options, &block)
    end

    # ...
```

有趣的事情发生在 `Faraday::Connection#initialize` 方法中。这个方法接受一个可选的代码块，并且把新创建的 `Connection` 对象 `yield` 给这个代码块：

gems/faraday-0.8.8/lib/faraday/connection.rb

```
module Faraday
  class Connection
    def initialize(url = nil, options = {})
      # ...
      yield self if block_given?
      # ...
    end

    # ...
```

这个简单的惯用法称为 **Self Yield**。它在 Ruby 中很常见，连 `instance_eval` 和 `class_eval` 也可以这样用：

Self Yield

common_idioms/self_yield_in_eval.rb

```
String.class_eval do |klass|
  klass # => String
end
```

要看看更有创造性的例子，可以查看 `tap` 方法。

A.3.2 tap 方法的例子

The tap Example

在 Ruby 中，经常可以看到长长的方法调用链，比如下面这样：

common_idioms/tap.rb

```
['a', 'b', 'c'].push('d').shift.upcase.next        # => "B"
```

在绝大多数语言中，这种调用链都不受欢迎（有时被称为“火车失事”）。Ruby 精炼的语法使得链式调用比较易读，但是它还是存在问题：当链中某个方法出现错误时，很难追踪错误所在。

例如，假设你发现了上面代码的一个 bug，并且怀疑 `shift` 方法没有返回你期望的结果。为了验证你的猜测，你不得不打开这个链来打印出 shift 方法的结果（或者在调试器中设置一个断点）：

```
temp = ['a', 'b', 'c'].push('d').shift
puts temp
x = temp.upcase.next
```

```
< a
```

这种调试方式很笨拙。如果不想分割调用链，那么可以用 tap 方法在链的中间插入中间操作：

```
['a', 'b', 'c'].push('d').shift.tap {|x| puts x }.upcase.next
```

```
< a
```

tap 方法已经存在于 Kernel 模块中。不过，你也可以用自己的方式进行实现，这对你应该是一个很好的练习：

```
class Object
  def tap
    yield self
    self
  end
end
```

A.4 Symbol#to_proc 方法

Symbol#to_proc

这个有点诡异的法术在 Ruby 黑带程序员中很流行。第一次接触这个法术的人很难理解背后的原理。让我们逐步进行分析。请看下面的代码：

common_idioms/symbol_to_proc.rb

```
names = ['bob', 'bill', 'heather']
names.map {|name| name.capitalize }   # => ["Bob", "Bill", "Heather"]
```

这个代码块是一个简单的“一次调用代码块（one-call block）”，它只有一个参数，并且对这个参数只调用了一个方法。一次调用代码块在 Ruby 中十分常见，尤其是在处理数组的时候。

在像 Ruby 这样以简明扼要著称的语言中，连调用块都显得有点啰嗦。为什么必须费力创建一个带有花括号的完整代码块来让 Ruby 仅仅调用一个方法呢？

Symbol#to_proc 方法的目的就是用一种更简单的方式来替代一次调用代码块。让我们从你所必需的最小信息单元开始，这就是你希望调用的方法的名字，它用一个符号表示为：

```
:capitalize
```

你希望把这个符号转换为一次调用代码块：

```
{|x| x.capitalize }
```

作为第一步，可以给 Symbol 类增加一个方法，用来把符号转换为一个 Proc 对象：

```
class Symbol
> def to_proc
>   Proc.new {|x| x.send(self) }
>  end
end
```

看到这个方法是如何工作的了么？如果你调用它（比如:capitalize 符号），它就会返回一个带有参数的 proc，并且对这个参数调用 capitalize 方法。现在可以使用 to_proc 方法和&操作符把一个符号转换为一个 Proc，然后再转换为一个代码块：

```
names = ['bob', 'bill', 'heather']
> names.map(&:capitalize.to_proc) # => ["Bob", "Bill", "Heather"]
```

甚至还可以把这段代码变得更短。由于&可以作用于任何对象，所以它会调用该对象的 to_proc 方法来把这个对象转换为一个 Proc。（你不会认为我们是随机选择 to_proc 作为方法名了吧？）因此，你可以简单使用下面的方式：

```
names = ['bob', 'bill', 'heather']
> names.map(&:capitalize) # => ["Bob", "Bill", "Heather"]
```

这就是被称为**符号到 Proc**（Symbol To Proc）的法术，漂亮吧？

符号到 Proc

好消息是无需自己为 Symbol 定义 to_proc 方法，因为 Ruby 已经提供了。事实上，Ruby 中实现的 to_proc 方法甚至支持多于一个参数的块，它可以支持像 inject 这样的方法：

```
# 不用Symbol#to_proc:
[1, 2, 5].inject(0) {|memo, obj| memo + obj }    # => 8
```

```
# 使用Symbol#to_proc:
[1, 2, 5].inject(0, &:+)    # => 8

# 酷!
```

附录 B

领域专属语言

Domain-Specific Languages

领域专属语言如今十分流行，它跟元编程有些重叠。

B.1 关于领域专属语言 The Case for Domain-Specific Languages

如果你年龄够大，也许会记得一款叫做 Zork 的游戏。这是最早的“文本冒险”游戏之一。基于文本的计算机游戏在 20 世纪 80 年代早期很流行。下面是从 Zork 游戏中摘出的几行文本：

```
< West of house
  You are standing in an open field west of a
  white house, with a boarded front door.
  You see a small mailbox here.
⇛ open mailbox
< Opening the small mailbox reveals a leaflet.
⇛ take leaflet
< Taken.
```

假定你的工作是写文本冒险游戏，你会用什么语言来写这个游戏呢？

你可能会挑选一种善于处理字符串且支持面向对象编程的语言。但是，不管你选择什么语言，在这种语言和你要解决的问题之间都有一段距离。你在日常编程中也会碰到这样的问题。例如，很多大型的 Java 程序会处理与钱（money）有关的内容，但是 `Money` 并不是 Java 的标准类型。这意味着每个应用程序都必须重新定义 `Money`，通常会采用类的方式。

写文本冒险游戏，你需要处理像房间和物品这样的实体。没有哪种通用语言直接支持这样的实体。你是不是希望有一种语言能专门支持文本冒险游戏呢？如果有了这种语言，就能写出下面这样的代码：

```
me: Actor
   location = westOfHouse
;

westOfHouse : Room 'West of house'
    "You are standing in an open field west of
     a white house, with a boarded front door."
;

+ mailbox : OpenableContainer 'mailbox' 'small mailbox';

++ leaflet : Thing 'leaflet' 'leaflet';
```

这不是一个臆造的例子——这是真实的代码。它使用了一种叫做 TADS 的语言，这是一种为创建“交互式小说”（文本冒险游戏的别名）专门设计的语言。TADS 是**领域专属语言**（domain-specific language，DSL）的一个例子，这是一种专注于某个特定问题领域的语言。

领域专属语言的对立面是像 C++或 Ruby 这样的**通用语言**（general-purpose language，GPL）。通用语言解决问题的范围更广。所以，你需要自己选择是使用一种灵活的通用语言，还是使用一种专门的领域专属语言。

假设你选择了领域专属语言，接着应该怎么做？

B.1.1 使用领域专属语言

Using DSLs

如果想用领域专属语言来解决特定的问题，那么你可能是幸运的。现在很多领域都有领域专属语言。Unix shell 是一种用于黏合命令行工具的 DSL；微软的 VBA 可以用来扩展 Excel 和其他 Microsoft Office 应用程序；make 是一种专注于构建 C 程序的 DSL；而 Ant 是 Java 平台上的一种基于 XML 的 make。在它们当中，有一些仅仅专注于很窄的一个领域，而另外一些则非常灵活，甚至可以跨入 GPL 的行列。

如果你要解决的问题找不到现成的 DSL，该怎么办？在这种情况下，你可以自己动手写 DSL，然后用它来编写你的程序。

不过，要写出一个完整的 DSL 并不容易。你需要通过诸如 ANTLR 或 Yacc 这样的系统来定义这种语言的语法（这两个系统本身就是用于编写解析器的 DSL）。随着问题的扩展，你那不起眼的小语言可能会成长为一种通用语言，而你可能根本没有意识到。这时，你轻松的编程之路可能变成一场旷日持久的马拉松。

为了避免这些问题，你可以选择另外一条道路。你不必写出完整的领域专属语言，只需要把一种通用语言改造得像领域专属的语言就行。接下来，我将向你展示怎样实现这一点。

B.2 内部和外部领域专属语言 Internal and External DSLs

让我们看一个由 GPL 伪装的 DSL。下面这段 Ruby 代码使用 Markaby 库来创建 HTML：

dsl/markaby_example.rb

```ruby
require 'markaby'

html = Markaby::Builder.new do
  head { title "My wonderful home page" }
  body do
    h1 "Welcome to my home page!"
    b "My hobbies:"
    ul do
      li "Juggling"
      li "Knitting"
      li "Metaprogramming"
    end
  end
end
```

这段代码是普通的 Ruby 代码，但是它看起来像是专门创建 HTML 的专属语言。你可以把 Markaby 称为**内部领域专属语言**，因为它存在于通用语言内部。相比之下，那些拥有独立解析器的语言（比如 make）常被称为**外部领域专属语言**。外部领域专属语言的另一个例子是 Ant 构建语言。尽管 Ant 解释器由 Java 编写，但是 Ant 语言跟 Java 语言截然不同。

如果你希望使用一种领域专属语言，那么你会倾向使用哪种形式？是内部领域专属语言还是外部领域专属语言？

内部领域专属语言的优势之一是随时转回到底层的通用语言上。然而，内部领域专属语言的语法受到底层通用语言的限制。这对有些语言来说是一个大问题。例如，你可以用 Java 编写一种内部领域专属语言，但是写出来的东西很可能看起来跟 Java 区别不大。不过，用 Ruby 编写的内部领域专属语言更像是为特定问题创建的一种语言。Ruby 灵活整洁的语法让上面的 Markaby 例子看起来与 Ruby 截然不同。

这就是为什么 Ruby 程序员倾向于使用 Ruby，而 Java 程序员倾向于使用外部工具或 XML 文件的原因。Ruby 比 Java 更容易改造，更适合你的具体需要。考虑现有的构建语言，Java 和 C 的构建语言（分别是 Ant 和 make）都是外部领域专属语言，而 Ruby 的标准构建语言（Rake）不过是 Ruby 的一个类库——一个内部领域专属语言。

B.3 领域专属语言和元编程
DSLs and Metaprogramming

在本书的开始部分，我们把元编程定义为“编写能写代码的代码”（或者编写在运行时操作语言构件的代码）。现在你了解了领域专属语言，于是又多了一种对元编程的定义：设计一种领域专属语言，用它编写程序。

本书的内容是基于第一种定义的，而不是基于领域专属语言的。编写领域专属语言需要解决很多问题，这些问题超出了本书的讨论范围。你必须理解特定的领域，设法提高语言的易用性和友好性，并且仔细评估语法的限制。

不过，元编程和领域专属语言在 Ruby 世界中还是有紧密的联系。编写内部领域专属语言时，你这会用到本书中提到的很多技巧。换言之，元编程是构建领域专属语言的砖瓦。如果你对创建 Ruby 内部领域专属语言感兴趣，那么你应该仔细读读这本书。

附录 C

法术手册

Spell Book

这里列出了本书介绍的所用法术（以字母顺序排序）。这些法术绝大多数都是关于元编程的。每种法术都带有一个小例子，并给出了法术在书中首次出现的页码。

环绕别名(134)

Around Alias

从一个重新定义的方法中调用原始的、被重命名的版本。

```
class String
  alias_method :old_reverse, :reverse

  def reverse
    "x#{old_reverse}x"
  end
end

"abc".reverse # => "xcbax"
```

白板类(66)

Blank Slate

移除一个对象中的所有方法，以便把它们转换成**幽灵方法**（57）。

```
class C
  def method_missing(name, *args)
    "a Ghost Method"
  end
end
obj = C.new
obj.to_s          # => "#<C:0x007fbb2a10d2f8>"

class D < BasicObject
  def method_missing(name, *args)
    "a Ghost Method"
  end
end

blank_slate = D.new
blank_slate.to_s        # => "a Ghost Method"
```

类扩展(130)

Class Extension

通过向类的单件类中加入模块来定义类方法，是**对象扩展**（130）的一个特例。

```
class C; end

module M
  def my_method
    'a class method'
  end
end

class << C
  include M
end

C.my_method # => "a class method"
```

类实例变量(110)

Class Instance Variable

在一个Class对象的实例变量中存储类级别的状态。

```
class C
  @my_class_instance_variable = "some value"

def self.class_attribute
    @my_class_instance_variable
  end
end

C.class_attribute # => "some value"
```

类宏(117)

Class Macro

在类定义中使用类方法。

```
class C; end

class << C
  def my_macro(arg)
    "my_macro(#{arg}) called"
  end
end

class C
  my_macro :x # => "my_macro(x) called"
end
```

洁净室(87)

Clean Room

使用一个对象作为执行一个代码块的环境。

```
class CleanRoom
  def a_useful_method(x); x * 2; end
end

CleanRoom.new.instance_eval { a_useful_method(3) }          # => 6
```

代码处理器(144)

Code Processor

处理从外部获得的**代码字符串**（141）。

```
File.readlines("a_file_containing_lines_of_ruby.txt").each do |line|
  puts "#{line.chomp} ==> #{eval(line)}"
end

# >> 1 + 1 ==> 2
# >> 3 * 2 ==> 6
# >> Math.log10(100) ==> 2.0
```

上下文探针(85)

Context Probe

执行一个代码块来获取一个对象上下文中的信息。

```
class C
  def initialize
    @x = "a private instance variable"
  end
end

obj = C.new
obj.instance_eval { @x }    # => "a private instance variable"
```

延迟执行(89)

Deferred Evaluation

在proc或lambda中存储一段代码及其上下文，用于以后执行。

```
class C
  def store(&block)
    @my_code_capsule = block
  End

  def execute
    @my_code_capsule.call
  end
end

obj = C.new
obj.store { $X = 1 }
$X = 0

obj.execute
$X          # => 1
```

动态派发(48)

Dynamic Dispatch

在运行时决定调用哪个方法。

```
method_to_call = :reverse
obj = "abc"

obj.send(method_to_call)          # => "cba"
```

动态方法(51)

Dynamic Method

在运行时决定怎样定义一个方法。

```
class C
end

C.class_eval do
  define_method :my_method do
    "a dynamic method"
  end
end

obj = C.new
obj.my_method          # => "a dynamic method"
```

动态代理(60)

Dynamic Proxy

把不能对应某个方法名的消息转发给另外一个对象。

```
class MyDynamicProxy
  def initialize(target)
    @target = target
  end

  def method_missing(name, *args, &block)
    "result: #{@target.send(name, *args, &block)}"
  end
end

obj = MyDynamicProxy.new("a string")
obj.reverse # => "result: gnirts a"
```

扁平作用域(83)

Flat Scope

使用闭包在两个作用域之间共享变量。

```
class C
  def an_attribute
    @attr
  end
end
```

```
obj = C.new
a_variable = 100
# flat scope:
obj.instance_eval do
  @attr = a_variable
End

obj.an_attribute # => 100
```

幽灵方法(57)

Ghost Method

响应一个没有关联方法的消息。

```
class C
  def method_missing(name, *args)
    name.to_s.reverse
  end
end

obj = C.new
obj.my_ghost_method # => "dohtem_tsohg_ym"
```

钩子方法(157)

Hook Method

覆写一个方法来截获对象模型事件。

```
$INHERITORS = []
class C
  def self.inherited(subclass)
    $INHERITORS << subclass
  end
end

class D < C
end

class E < C
end

class F < E
end

$INHERITORS # => [D, E, F]
```

内核方法(32)

Kernel Method

在 Kernel 模块中定义一个方法，使得所有对象都可使用。

```
module Kernel
  def a_method
    "a kernel method"
  end
end

a_method # => "a kernel method"
```

惰性实例变量(221)

Lazy Instance Variable

等第一次访问一个实例变量时才对它进行初始化。

```
class C
  def attribute
    @attribute = @attribute || "some value"
  end
end

obj = C.new
obj.attribute          # => "some value"
```

拟态方法(218)

Mimic Method

把一个方法伪装成另外一种语言构件。

```
def BaseClass(name)
  name == "string" ? String : Object
end

class C < BaseClass "string"  # 一个看起来像类的方法
  attr_accessor :an_attribute # 一个看起来像关键字的方法
end

obj = C.new
obj.an_attribute = 1 #一个看起来像属性的方法
```

猴子打补丁(16)

Monkeypatch

修改已有类的特性。

```
"abc".reverse # => "cba"

class String
  def reverse
    "override"
  end
end

"abc".reverse # => "override"
```

命名空间(23)

Namespace

在一个模块中定义常量，以防止命名冲突。

```
module MyNamespace
  class Array
    def to_s
      "my class"
    end
  end
end

Array.new                  # => []
MyNamespace::Array.new     # => my class
```

空指针保护(219)

Nil Guard

用“或”操作符覆写一个空引用。

```
x = nil
y = x || "a value"         # => "a value"
```

对象扩展(130)

Object Extension

通过给一个对象的单件类混入模块来定义单件方法。

```
obj = Object.new

module M
  def my_method
    'a singleton method'
  end
end

class << obj
  include M
end

obj.my_method          # => "a singleton method"
```

打开类(14)

Open Class

修改已有的类。

```
class String
  def my_string_method
    "my method"
  end
end

"abc".my_string_method        # => "my method"
```

下包含包装器(136)

Prepended Wrapper

调用一个用prepend方式覆写的方法。

```
module M
  def reverse
    "x#{super}x"
  end
end

String.class_eval do
  prepend M
end

"abc".reverse          # => "xcbax"
```

细化(36)

Refinement

为类打补丁，作用范围仅到文件结束，或仅限于包含模块的作用域中。

```
module MyRefinement
  refine String do
    def reverse
      "my reverse"
    end
  end
end

"abc".reverse          # => "cba"
using MyRefinement
"abc".reverse          # => "my reverse"
```

细化封装器(135)

Refinement Wrapper

在细化中调用非细化的方法。

```
module StringRefinement
  refine String do
    def reverse
      "x#{super}x"
    end
  end
end

using StringRefinement
"abc".reverse          # => "xcbax"
```

沙盒(149)

Sandbox

在一个安全的环境中执行未授信的代码。

```
def sandbox(&code)
  proc {
    $SAFE = 2
    yield
  }.call
end
begin
  sandbox { File.delete 'a_file' }
rescue Exception => ex
  ex         # => #<SecurityError: Insecure operation at level 2>
end
```

作用域门(81)

Scope Gate

用 class、module 或 def 关键字来隔离作用域。

```
a = 1
defined? a # => "local-variable"

module MyModule
  b = 1
  defined? a # => nil
  defined? b # => "local-variable"
end

defined? a # => "local-variable"
defined? b # => nil
```

Self Yield(223)

Self Yield

把 self 传给当前代码块。

```
class Person
  attr_accessor :name, :surname

  def initialize
    yield self
  end
end

joe = Person.new do |p|
  p.name = 'Joe'
  p.surname = 'Smith'
end
```

共享作用域(84)

Shared Scope

在同一个扁平作用域（83）的多个上下文中共享变量。

```
lambda {
  shared = 10
  self.class.class_eval do
    define_method :counter do
      shared
    end
    define_method :down do
      shared -= 1
    end
  end
}.call
counter           # => 10
3.times { down }
counter           # => 7
```

单件方法(115)

Singleton Method

在一个对象上定义一个方法。

```
obj = "abc"

class << obj
  def my_singleton_method
    "x"
  end
end

obj.my_singleton_method         # => "x"
```

代码字符串(141)

String of Code

执行一段表示 Ruby 代码的字符串。

```
my_string_of_code = "1 + 1"
eval(my_string_of_code)         # => 2
```

符号到 Proc(225)

Symbol To Proc

把一个调用单个方法的块转换为一个符号。

```
[1, 2, 3, 4].map(&:even?)   # => [false, true, false, true]
```

索引

Index

SYMBOLS

& operator, blocks, 89, 225
:: notation, constant paths, 22
@ character, setups and variables, 99
@@ prefix, for class variables, 111
|| operator, Nil Guards, 219, 238
-> (stabby lambda) operator, 89
{} characters, blocks, 74

A

accessor methods, 7, 116, 200–212
Action Pack library, 168
Active Model library, 173
Active Record library
  about, 7, 168
  attribute methods, 199–212
  design, 171–178
  movie database example, 6
  Validations module, 175, 179–197
Active Support library
  about, 168
  alias_method_chain, 189–197
  Autoload module, 173
  Concern module, 179, 183–188
  methods_transplantable? method, 208–210
  UnboundMethod example, 95
add_checked_attribute method
  development plan, 140
  eval method, 141–157
  quizzes, 150–157, 160
  removing eval method, 153
alias keyword, 132
alias_method method, 132
alias_method_chain method, 189–197
Aliases, Around, *see* Around Aliases
allocate method, 19
alphanumeric label example, 12–16, 36
ancestors chain
  attribute methods, 202
  includers, 186
  method lookup, 29–33, 55, 121
  method_missing method, 202
  object model rules, 126
  prepending, 30–32, 135, 195
  print_to_screen example, 40
  removing from, 95
  singleton classes, 122–123
ancestors method, 30
and operator, blocks, 89, 225
anonymous classes and constants, 113
Ant language, 228–229
ANTLR, 228
ap method, 33
append_features method, 183–187
arguments
  arity, 93
  blocks, 74
arity, 93
Around Aliases
  alias_method_chain method, 193
  vs. overriding, 159, 190
  quiz, 137
  respond_to? method, 202
  spell book, 231
  using, 132–135
Array class
  grep method, 17, 55
  inheritance, 20
arrays
  array explorer, 146–148
  grep method, 17, 55
  inheritance, 20
  replacing elements, 15
attr_accessor method
  Class Macros, 116–118
  quizzes, 150–157
  review, 128–129
attr_checked method
  vs. add_checked_attribute, 151, 156
  development plan, 140–141
  quizzes, 156, 160
  review, 151
attr_reader method, 117
attr_writer method, 117
attribute methods, 199–212
AttributeMethodCache module, 209
AttributeMethods module, 202

attributes, *see also* attr_accessor method; attr_checked method
  attribute methods, 199–212
  self and, 220
  singleton classes, 127–129
  syntax, 217
@attributes variable, 201
AttrNames module, 210
autoload method, 173
autoloading, 95, 173
awesome_print gem, 33

B

bar operator, Nil Guards, 219, 238
Base class (Active Record)
  connections, 172
  definition, 174
  design, 172–178
  respond_to? method, 202
  Validations module, 175, 179–197
BasicObject class
  Blank Slates, 67, 102
  hooks, 158
  inheritance, 20
  instance_eval method, 68, 84–88, 108, 127, 145, 223
  method_missing method, 48, 55–71, 200–206
binding method, 143
Binding objects, 143–145
bindings
  attribute methods, 208–210
  Binding objects, 143–145
  blocks and, 77, 89
  instance_eval method, 84–88
  scope and, 78–84
  UnboundMethod objects, 94
Blank Slates
  Clean Rooms, 88, 102
  method_missing method, 66–69
  spell book, 231
block_given? method, 74
blocks, *see also* procs
  attaching bindings, 89
  basics, 73–77
  Clean Rooms, 87, 233
  closures as, 77–84
  converting to procs, 89, 99, 224, 242
  instance_eval method, 84–88
  instance_exec method, 86
  quizzes, 75–77
  Self Yield, 222–224, 241
  vs. Strings of Code, 145–150
  validate method, 172
  validated attributes, 141, 154–155
boilerplate methods, 45
Bookworm examples
  label refactoring, 12–16, 36
  loan refactoring, 110
  method wrappers, 131–136
  Namespaces, 25
  renaming methods, 117
  Singleton Methods, 113–118
Boolean operators and values, Nil Guards, 219–222
braces, blocks, 74
broken math quiz, 136
Builder, Blank Slate example, 67–69

C

C
  attr_accessor method, 150
  compile/runtime time, 8
  domain-specific languages, 230
C#, nested visibility, 79
C++
  compile/runtime time, 8
  templates, 8
  using keyword, 75–77
caching, UnboundMethod objects, 207–210
calculate_initial_value method, 221
call method, 94
callable objects, *see* blocks; lambdas; procs
callers method, 134
Camping framework example, 218
Cantrell, Paul, 93
chain of ancestors, *see* ancestors chain
chained inclusions, 181–183, 186
chains of calls, 223
checked attributes, *see* attr_checked method
class << syntax, singleton classes, 120, 126
Class class
  about, 19
  inheritance, 20
  inherited method, 157
  new method, 82
class definitions
  about, 13, 105
  aliases, 132–135, 137, 190
  current class, 106–109
  Scope Gates, 81
  self and, 36, 106
  singleton classes, 118–122, 126
  Singleton Methods, 113–118
  theory, 106–112
Class Extensions, 130, 180, 185, 232
Class Instance Variables, 109, 232
class keyword
  about, 14
  current class, 107
  replacing with Class.new, 82
  replacing with Module#define_method, 83
  scope, 81, 108, 241
  singleton classes, 120
Class Macros
  attr_accessor example, 116–118
  attr_checked method, 140–141, 156, 161
  autoload method, 173
  Mimic Methods, 218
  spell book, 233
  validate method, 172
class methods
  Active Record library and, 176
  hooks, 159, 180
  notation conventions, xx
  as Singleton Methods, 115–118
  syntax, 126
  viewing, 119
class variables
  @_dependencies variable, 184
  prefix, 111

class_eval method, 107, 145, 205, 223
class_exec method, 108
classes, *see also* class definitions; Open Classes; singleton classes
  anonymous, 113
  Class Extensions, 130, 180, 185, 232
  current class, 106–109
  hierarchies, 111
  inheritance and singleton classes, 123–125
  instance methods and, 18–19, 24
  instance variables and, 17–18
  method wrappers, 131–136
  methods and, 19, 24
  modules as, 20, 24
  naming, 25
  object model rules, 126
  objects as, 19–21, 24
classic-namespace option, 24
ClassMethods class plus hooks, 159, 180
Clean Rooms
  blocks, 87, 233
  events, 102
  safe levels, 149
  serializing, 208
  spell book, 233
closures
  Binding objects, 143
  blocks as, 77–84, 235
code, *see also* design
  notation conventions, xx
  precedence and Refinements, 38
  Rails source code, 168
code generators, 8
code injection, 146–150, 153
Code Processors, 144, 149, 233
colon character, constant paths, 22
compile time, 8
compilers, 8, 45
completed= method, 200
completed? method, 200
Computer class, avoiding duplication example, 46–48, 52–55, 60–64, 66, 69
Concern module (Active Support), 179, 183–188
const_get method, 187
const_missing method, 63
constants
  anonymous classes and, 113
  attribute methods, 208, 210
  class keyword, 108
  const_missing method, 63
  using, 21–24
constants method, 23
Context Probes, 85–88, 234
converting
  blocks to procs, 89, 99, 224, 242
  numbers to Money object, 14
  strings, 12–16, 36
  symbols, 49, 224, 242
counter method, 84
curly braces for blocks, 74
current class or module, 106–109
current object, 34, 213, *see also* self keyword

D

Date class, testing and, 110
debugging
  chains of calls, 223
  Ghost Methods, 70
  method_missing method, 64–66
  Nil Guards, 222
  Open Classes, 15
  Pry and Binding objects, 143
decoupling, 177
def keyword
  compared to class_eval, 108
  vs. define_method, 51
  vs. Dynamic Methods, 153
  Scope Gates, 81, 241
  Singleton Methods, 116
Deferred Evaluation, 89–93, 234
define_attribute_methods method, 203
define_method method
  attribute methods, 200, 202–206
  avoiding duplication, 53
  binding UnboundMethods, 94
  replacing def with, 83
  using, 51
define_method_attribute method, 208
define_singleton_method method, 114
define_write_method method, 204
delete method, 142
dependencies, 184–186, 188
deprecate method, 117
description method, 200, 205
description= method, 200, 203, 205
description? method, 205
design
  Active Record library, 171–178
  attribute methods, 211
  evolutionary, 210
  flexibility, 177, 188
  simplicity, 196, 212
  tenets, 177
directories, modules and classes as, 22
Dispose method, 75
domain-specific languages (DSLs), 96–102, 227–230
dot notation, 48
do...end keywords, 74
Duck class example, 171
duck typing, 116
duplication, avoiding
  Dynamic Methods, 48–55
  method_missing method, 48, 55–71
  purchasing example, 46–48, 52–55, 60–64, 66, 69
  Ruby advantages, xvii
Dynamic Dispatch, 48–55, 147, 203, 234
dynamic languages
  duck typing, 116
  lack of type checking, 45
Dynamic Methods
  accessor methods, 200
  attribute methods, 202–206
  avoiding duplication, 48–55
  vs. def keyword, 153
  defining, 51
  deprecation, 118

vs. eval method, 147
vs. Ghost Methods, 70
spell book, 235
Dynamic Proxies, 58–64, 66, 235
@@dynamic_methods, 202

E

eigenclasses, *see* singleton classes
encapsulation, 51, 85, 183
end keyword, 74
ERB library example, 149
eval method
add_checked_attribute method, 141–157
Binding objects, 143–145
disadvantages, 145–150
irb example, 144
removing, 153
Strings of Code, 141–157
tainted objects, 148–150
validated attributes, 140, 150–152
Evaluation, Deferred, 89–93, 234
event method, 99
events
setups and variables, 99
sharing data, 97, 102
evolutionary design, 210
explore_array method, 146–148
extend method, 131, 175, 179–183
extended method, 158, 183
Extensions, Class, 130, 180, 185, 232
Extensions, Object, 130, 239
external DSLs, 229

F

Faraday example, 222
feature variable, 191
file argument, Binding objects, 144
files
constants as, 22
evaluating and security, 150
Fixnum#+ method, 137
Flat Scopes, 82–84, 97, 108, 235
functional programming languages, 73

G

gem command, xx
general-purpose languages (GPLs), 228–230
generated_attribute_methods method, 208
generated_methods? method, 203
generators, code, 8
get method, REST Client, 141
Ghee example, 58–60
Ghost Methods
about, 56
Active Record library, 172
attribute methods, 200–206
cautions, 65
vs. Dynamic Methods, 70
Dynamic Proxies, 58–64
name clashes, 66–69
quiz, 64–66
spell book, 231, 236
gists, 58
GitHub, Ghee example, 58–60
global variables, 80, 101
GPLs (general-purpose languages), 228–230
Great Unified Theory of Ruby, 125
greet method, 190, 194–195
greet_with_enthusiasm method, 190
greet_without_enthusiasm method, 190
grep method, 17, 55

H

hash notation, xx
Hashie, 57, 59
heredocs, 142, 209
hierarchies
class, 111
object model, 125
HighLine example, 91
Hook Methods
spell book, 236
with standard methods, 159
validated attributes, 141, 157–162, 180, 184
HTTP
Faraday example, 222
REST Client, 142
VCR, 159

I

idioms, common, 217–225, *see also* spells
if keyword, 219
immutability of symbols, 49
importing
files and safe levels, 150
libraries, 26
inc method, 84
include method
Active Record library, 175
ancestors chain, 30–32
Concern module, 183–188
hooks, 159
include-and-extend trick, 179–183
Object Extensions, 130
include-and-extend trick, 179–183
included method
vs. append_features, 184
hooks, 158–159, 180
include-and-extend trick, 179–183
indentation, xx
inheritance
private methods, 35
singleton classes, 123–125
superclasses, 19, 27
inherited method, 157
initialize method
attribute methods, 201
Nil Guards, 221
reducing duplication, 55
inner scopes, 79
installing
code with gem command, xx
Rails, 168
instance methods, *see also* attr_accessor method
Active Record library and, 176
classes and, 18–20, 24
hooks, 158, 180
instance_method_already_implemented?, 204
methods and, 18, 24
notation conventions, xx
UnboundMethod objects, 94
instance variables
about, 17, 24
attr_accessor method, 154
Class Instance Variables, 109, 232

diagram, 18
dynamic languages, 27
initializing with Nil Guards, 221
Lazy Instance Variable, 221, 237
safe levels, 149
self keyword, 34, 80, 87
top-level, 79–80, 99, 102
viewing, 17

instance_eval method
blocks, 84–88
Builder, 68
compared to class_eval, 108
Self Yield, 223
singleton classes, 127
Strings of Code vs. blocks, 145

instance_exec method, 86
instance_method method, 94
instance_method_already_implemented? method, 204
instance_variable_get method, 154
instance_variable_set method, 27, 154
interactive fiction, 228
internal DSLs, 229
interpreters
about, xxi
Pry, 49
REST Client, 141

introspection, 3, 7, 54
irb
Binding objects, 144
listing methods, 15
nested sessions, 144
viewing self, 35

J

Java
compile/runtime time, 8
domain-specific languages, 230
nested visibility, 79
static fields, 110–111

Java Virtual Machine, xxi
JRuby, xxi

K

Kernel Methods
ap method, 33
binding method, 143
block_given?, 74
callers method, 134
const_get method, 187
load method, 26, 95, 133, 150
local_variables method, 79
method lookup, 32
Method objects, 94
procs and lambdas, 89–93, 99, 149, 224, 234, 242
require method, 26, 133, 150
security, 150
Shared Scopes, 84
singleton_method method, 94
spell book, 237
tap method, 223
using keyword, 75–77

klass variable, 151

L

lab rat program example, 121, 123
lambda method, 89, 91
lambda? method, 91
lambdas, 88–89, 91–93, 101, 234
language constructs, 3, 7
languages
bending Ruby, xvii
domain-specific (DSLs), 96–102, 227–230
functional programming, 73
general-purpose (GPLs), 228–230
static, 45, 70
type checking, 45

Lazy Instance Variable, 221, 237
libraries, importing, 26
line argument, Binding objects, 144
listing
comma-separated example, 91
constants, 23
methods in irb, 15

load method
aliases, 133
Namespaces and, 26
security, 150
UnboundMethod example, 95

Loadable class, UnboundMethod example, 95
local_variables method, 79
Logger class example, 85

M

main object, 36, 80
make language, 228, 230
Markaby gem, 229
Mash class, 57, 59
math quiz, 136
Matz's Ruby Interpreter, xxi
memory_size attribute, 49
message of the day example, 26
meta classes, *see* singleton classes
metaprogramming
about, xvii
defined, 3, 7–8, 163
DSLs and, 230
flexibility, 188
programming as, 8, 163, 213

method execution, 28, 33–36
method lookup
direction, 30, 119, 121, 126
object model, 28–33, 55
review, 121
singleton classes, 118–122

method method, 94
Method objects, 93–95
method_added method, 158
method_body method, 210
@method_cache.compute_if_absent, 210
method_missing method
attribute methods, 200–206
avoiding duplication, 48, 55–71
Blank Slates, 66–69
Dynamic Proxies, 58–64
overriding, 56–64
quiz, 64–66
resources, 70

method_removed method, 158
method_undefined method, 158
methods, *see also* Around Aliases; Class Macros; class methods; Dynamic Methods; instance methods; Kernel Methods; method lookup; Mimic Methods; Singleton Methods; wrappers
about, 17

accessor methods, 7, 116
alias_method_chain, 189–197
attribute methods, 199–212
boilerplate method, 45
as callable objects, 88, 93–95
classes and, 19, 24
current class, 107
diagram, 18
Hook Methods, 141, 157–162, 180, 184, 236
HTTP, 141
instance methods and, 18, 24
listing, 15
method execution, 28, 33–36
naming, 49, 57, 117
notation conventions, xx
object model rules, 125
persistence, 175
private methods, 35, 51, 134, 220
redefinition, 133
removing, 67–69, 153
reserved methods, 68
syntax, 126
UnboundMethod objects, 94–95, 207–210

methods_transplantable? method, 208–210

Microsoft Office, 228

Mimic Methods
attr_accessor method, 116, 151, 154
attribute methods, 200
spell book, 237
using, 217–219

@module Clean Room, 210

Module class
alias_method method, 132
append_features method, 183–187
attr_accessor method, 116–118, 128, 150–157
constants, 23
define_method method, 51, 53, 83, 94, 200, 202–206
extend method, 175
extended method, 158, 183
include method, 30–32, 130, 159, 183–188
include-and-extend trick, 179–183
included method, 158–159, 180, 184
inheritance, 20
instance_method method, 94
method_added method, 158
method_removed method, 158
method_undefined method, 158
methods_transplantable? method, 208–210
prepend method, 30–32, 135, 195
removing methods, 67

module keyword
current class, 107
Scope Gates, 81, 241

Module#constants, 23

Module.constants, 23

module_eval method, 107

module_exec method, 108

modules, *see also* classes
Active Record library and, 176
classes as, 20, 24
current module, 106–109
defining, 81, 105
Hook Methods, 158–159
inheritance and singleton classes, 125
method lookup, 30–33
object model rules, 125
Refinements, 37
Scope Gates, 81
self and, 36
singleton classes and, 129–131

Monetize gem, 14

monitor utility example, 96–102

Monkeypatching
with Around Aliases, 134
cautions, 15, 17
name clashes, 25
preventing in attribute methods, 204
spell book, 238

movie database example, 4–7

MRI, xxi

N

name clashes
Ghost Methods, 66–69
Namespaces, 25, 238

Namespaces, 23, 25–26, 63, 173, 238

naming, *see also* Around Aliases
Active Record library, 173
anonymous classes, 113
attribute methods caches, 210
blocks, 89
classes, 25
constants, 21, 63
deprecation, 117
Ghost Methods, 66–69
methods and Class Macros, 117
methods and symbols, 49
missing methods, 57
singleton classes, 122, 126

nested irb sessions, 144

nested lexical scopes, *see* Flat Scopes

nested visibility, 79

nesting method, 23

new method, 19, 82, 113, 209

new_toplevel method, 149

Nil Guards, 112, 202, 219–222, 238

notation conventions, xx

Numeric#to_money method, 14

O

Object class
define_singleton_method method, 114
extend method, 131, 175, 179–183
inheritance, 20
instance_eval method, 68, 84–88, 108, 127, 145, 223
instance_variable_get method, 154
instance_variable_set method, 27, 154
pry method, 143
send method, 48–49, 51
singleton_class method, 120
untaint method, 149

Object Extensions, 130, 239

object model
classes as objects, 19–21, 24
constants, 21–24
contents, 16–19
defined, 11
instance methods and, 24
instance variables and, 17–18

method execution, 33–36
method lookup, 28–33
methods and, 17–18
quizzes, 26–27, 39–42
Refinements, 36–39
review, 24, 42
rules, 125
singleton classes and inheritance, 123–125

object-relational mapping, 171

objects
classes as objects, 19–21, 24
current object, 34
defined, 24
main object, 36, 80
Object Extensions, 130, 239
object model rules, 125
Self Yield, 222–224, 241
tainted, 148–150

one step to the right, then up rule, 30, 121, 126

Open Classes
aliases, 134
checked attributes, 152
class keyword, 14
disadvantages, 15
Fixnum#+ method, 137
spell book, 239

or operator, Nil Guards, 219, 238

outer scopes, 79

overriding
append_features method, 184–185
and-call-super technique, 194, 196
Hook Methods, 158–162
method_missing method, 56–64

P

Padrino example, 85

Paragraph class, 113

parameters and parentheses, xx

parentheses, xx, 217

Pascal casing, 25

paths of constants, 22

patterns, *see* spells

perform_validations method, 194

performance
caching accessors, 207
Ghost Methods, 202

persistence methods, 175

post method, 142

precedence and Refinements, 38

prepend method, xxi, 30–32, 135, 195

Prepended Wrappers, 135, 195, 239

print method, 32

print_to_screen example, 40

private keyword, 35

private method, 218

private methods
Around Aliases, 134
self and, 35, 220
send method, 51

proc method, 89

procs
Clean Rooms, 149
Deferred Evaluation, 89–93, 234
RedFlag example, 99
spell book, 234, 242
Symbol to Proc, 224, 242

protected method, 218

Proxies, Dynamic, 58–64, 66, 235

Pry, 49–51, 143

pry method, 143

purchasing example, 46–48, 52–55, 60–64, 69

put method, 142

puts method, 217

Q

query accessors, 201

quiet attribute, 49

quizzes
about, xix
blocks, 75–77
broken math, 136
checked attributes, 150–157, 160
domain-specific languages (DSLs), 98–102
method_missing method, 64–66
object model, 26–27, 39–42
singleton classes, 129–131
Taboo, 112

R

Rails, *see also* Active Record library; ActiveSupport library
Action Pack library, 168
alias_method_chain, 189–197
attribute methods, 199–212
ClassMethods-plus-hook idiom, 160
Concern module, 179, 183–188
installing, 168
overview, 167–169
resources, 168

rails gem, 168

Rake module example, 23

rake2thor example, 133

read accessors, 117, 200–201, 210

ReaderMethodCache constant, 208–210

receivers, 29, 34–35

RedFlag example, 96–102

references, 21

refine method, 36–39

Refinement Wrappers, 135, 240

Refinements, xxi, 17, 36–39, 135, 240

refresh method, 50

remove_method method, 67

removing
from ancestors chain, 95
eval method, 153
methods, 67–69, 158
Singleton Methods, 158

replace method, 15

require method
aliases, 133
Namespaces and, 26
security, 150

require_with_record method, 134

require_without_record method, 134

reserved methods, 68

ResourceProxy class, 58

resources
method_missing method, 70
Rails, 168
Ruby, xxii

respond_to? method, 62, 69, 202

respond_to_missing? method, 62, 69

REST Client example, 141–143
return keyword, 92
Roulette class example, 64–66
Rubinius, xxi
Ruby
- advantages, xvii, 8
- compile/runtime time, 8
- creating specific languages, xvii
- Great Unified Theory, 125
- syntax, xx, 229
- tutorial, xxii
- versions, xxi

runtime, 8, 234

S

$SAFE global variable, 148
safe levels, 148–150
@safe_level instance variable, 149
Sandboxes, 149, 240
save method, 172, 192, 194
save! method, 172, 192, 194
scope
- bindings, 78–84, 143
- class keyword, 108
- concerns, 186
- constants, 21
- defined, 73
- flattening, 82–84, 97, 108, 235
- Method objects, 94
- procs and lambdas, 92
- removing eval method, 153
- Scope Gates, 81–84, 241
- Shared Scopes, 83, 101, 241
- singleton classes, 120
- variables and, 80

Scope Gates, 81–84, 241
security, 146–150, 153
self keyword
- class definitions and, 36, 106
- concerns, 186
- instance variables, 34, 80, 87
- method execution, 28, 34
- object attributes, 220
- private methods, 35, 220
- Self Yield, 222–224, 241
- singleton classes, 120, 127
- using explicitly with assigning attributes, 220

Self Yield, 222–224, 241
send method, 48–49, 51
send method, 68
set_attribute method, 220
set_name_cache method, 210
setups, domain-specific languages (DSLs), 98
Shared Scopes, 83, 101, 241
shared variable, 84
sharing data among events, 97, 102
singleton classes
- class attributes, 127–129
- hooks, 160
- include method, 130
- inheritance, 123–125
- instance_eval, 127
- method lookup, 118–122
- names, 122
- notation conventions, xx
- object model rules, 126
- quiz, 129–131
- of singleton classes, 126
- spell book, 232
- superclasses, 122, 126

Singleton Methods
- class definitions, 113–118
- converting to Method objects, 94
- hooks, 158
- instance_eval, 127
- lookup, 118–122
- spell book, 242
- viewing, 119–120

singleton_class method, 120
singleton_method method, 94
singleton_method_added method, 158
singleton_method_removed method, 158
singleton_method_undefined method, 158
spells
- about, xix
- book, 231–242

@src instance variable, 149
stabby lambda operator, 89
stack trace, eval method, 144
statements argument, Binding objects, 144
static fields, 110–111
static languages, 45, 70
static type checking, 45
String class
- Singleton Methods, 113–114
- to_alphanumeric method, 12, 37

strings
- converting example, 12–16, 36
- converting symbols to, 49
- Singleton Methods, 113–114
- substitution, 142

Strings of Code
- attribute methods, 205, 209
- vs. blocks, 145–150
- checked attributes, 152
- disadvantages, 145–150
- eval method, 141–157
- spell book, 242

substitution, string, 142
super keyword
- append_features method, 187
- hooks and, 159
- override-and-call-super technique, 194, 196
- Refinements, 135
- validations, 194

superclass method, 19
superclasses
- Base class (Active Record), 172
- inheritance, 19, 27, 123–125
- object model rules, 126
- singleton classes, 122–126

Symbol to Proc, 224, 242
symbols, 49, 224, 242
syntax
- attributes, 217
- class methods, 126
- constants, 21
- conventions, xx
- domain-specific languages, 229
- flexibility, 217
- Singleton Methods, 116

T

Taboo, 112
TADS language, 228
tainted objects, 148–150
tainted? method, 148
tap method, 223
target method, 191
Task class, attribute methods, 200–212
termination sequence, 142
testing
  breaking encapsulation, 85
  unit, xx, 110, 169
Thor example, 133
Time class, testing and, 110
title? method, 113
to_alphanumeric method, 12, 37
to_money method, 14
to_proc method, 224, 242
top-level context, 36
top-level instance variables, 79–80, 99, 102
TOPLEVEL_BINDING constant, 143, 149
train wrecks, 223
tree, constants, 22
type checking, 45

U

unbind method, 94
UnboundMethod objects, 94–95, 207–210
undef_method method, 67
unit testing, xx, 110, 169
UNIX, 228
unpack command, 168
untaint method, 149
using keyword, 75–77
using method, 37

V

valid? method, 175, 180, 193
validate method, 172, 175
Validations module (Active Record)
  alias_method_chain, 189–197
  finding methods, 175
  include-and-extend trick, 179–188
variables, *see also* instance variables
  class variables, 111, 184
  constants and, 21
  global variables, 80, 101
  object attributes, 220
  Scope Gates, 82
  self keyword, 80, 87
  setups, 99
  shared, 84
VBA, 228
VCR example, 159, 180
versions
  Rails, 168
  Ruby, xxi
visibility, nested, 79

W

wrappers
  about, xvii
  alias_method_chain, 191–197
  method, 131–136
  Prepended Wrappers, 135, 195, 239
  Refinement Wrappers, 135, 240
write accessors, 117, 200, 210
WriterMethodCache class, 210

Y

Yacc, 228
yield keyword
  defining blocks, 74
  Self Yield, 222–224, 241

Z

Zork, 227